꾸물대는 아이, 속 터지는 엄마

매사에 느리고 꾸물대는 아이,
어떻게 키울까?

• 아이와 엄마가 행복해지는 58가지 솔루션 •

| **루펑청** 지음 • **유소영** 옮김 |

라의눈

· 서문 ·

매사 꾸물대는 아이, 엄마는 어떻게 해야 할까?

느릿느릿 꾸물거리는 태도로 '늑장'을 부리는 아이들 때문에 골치가 아픈 엄마들이 많다.

"우리 애는 매일 저녁 7시에 숙제를 시작하는데 도무지 차분하게 하질 못해. 물을 마시고 싶다고 하다가, 조금 있으면 과일을 먹질 않나, 그러다가 다시 장난감을 만지작거리질 않나. 매일 그렇게 밤 10시 반 정도까지 질질 끌면서 숙제를 해서 정말 골치가 아파!"

"우리 집 애는 어려서부터 얼마나 꾸물거리는지 양치질 하나 하는 데도 30분은 걸린다니까요! 한 번은 아침 7시에 동물원에 가기로 한 적이 있었어요. 6시 반에 일어나긴 했는데, 7시 반이 돼도 옷을 입기는커녕 세수도 안하고 있는 거 있죠?"

"우리 집은 아침만 됐다 하면 아이 깨우느라 전쟁이에요. 매일 아침마다 대여섯 번은 깨우는 것 같아요. 그럴 때마다 매번 한다는 말이 '5분만'이에요. 계속 꾸물거리다가 마지막에 어쩔 수없이 자리에서 일어나요. 매일 애 때문에 힘들어 죽겠어요."

늑장을 부린다는 것이 누구에겐들 좋은 습관일까만, 아이에게는 더욱 좋지 않다. 느릿느릿, 꾸물대는 아이는 제때 맞춰 어떤 일도 할 수 없다. 이런 습관이 열정이나 의지를 앗아가기 때문에 아이에게 심리적 압박, 혹은 괴로움을 주며 결국 아이의 생활을 엉망으로 만든다. 특히 엄마가 경계해야 할 지점은 아이의 이런 잘못된 습관이 성년까지 이어져 평생 어떤 일을 하는데 걸림돌로 작용한다는 것이다. 우리는 주변에서 일을 할 때 자꾸만 늑장을 피우고 꾸물대는 성인들을 어렵지 않게 발견한다. 모두 어릴 때부터 꾸물대는 행동양식이 습관이 되었기 때문이다. 늑장을 부리는 습관이 그냥 간과해도 되는 사소한 일이 아니라는 점을 알 수 있는 대목이다.

그렇다면 항상 꾸물대는 아이의 버릇은 어떻게 하면 고칠 수 있을까? 어떻게 하면 아이가 시간을 합리적으로 쓰게 할 수 있을까? 모든 엄마들의 관심거리다.

아이들이 늑장을 부리며 꾸물거리는 데는 일반적으로 두 가지 상황이 존재한다. 첫째, 아이 자체는 본래 적극적인 성격으로 느리지 않는데, 성격 급한 엄마가 언제나 아이에게 '빨리, 빨리'를 외치며 재촉하기 때문이다. 결국 아이는 엄마의 '암시'에 따라 정말 '늑장을 부리는 아이'가 되어버린다던가, 엄마의 재촉에 반감을 느껴 일부러 느릿느릿 행동한다. 둘째, 천성적으로 느슨한 성격에 행동이 느리고 합리적으로 시간을 이용하지 못하는 아이다.

전자의 경우, 엄마가 생활리듬이나 걸음 속도 등을 낮춰 아이에게 엄마의 스트레스를 전가하지 않도록 자신을 바꾸는 한편, 이해심을 가지고 아이에게 자유를 주어야 한다. 이렇게 하면 아이는 '느린 아이'가 되지 않는다. 후자의 경우, 엄마에게 필요한 것은 합리적으로 시간을 이용할 수 있도록 아이를 돕겠다는 자세다.

사실 아이보다는 엄마에게 원인이 있는 경우가 많다. 그런 상황이라면 엄마들은 자기 자신에게서 문제를 찾고 반성해야 한다. 『명심보감』에 "행하였지만 얻는 바가 없으면 자신에게서 해답을 구하라"고 했다. 엄마가 이렇게 할 수 있다면 아이에 대한 교육은 매우 간단명료해진다. 엄마의 '도움' 속에 아이는 가볍게 '꾸물대는' 습관을 극복할 수 있기 때문이다.

이 책에서는 문제를 해결하기 위한 사고방식을 명확하게 소개하고 있다. 그러나 구체적인 방법을 실천하기 위해서는 엄마들이 일상생활에서 전체적으로 상황을 종합하고 공부하며, 차분히 방법을 시도해나가야 한다. 이 책은 아이들은 더 이상 '늑장'을 부리지 않고, 엄마는 더 이상 '늑장을 부리는 아이'

때문에 고민하지 않는데 도움을 주고자 쓰였다. 위에서 말한 두 가지 상황을 바탕으로 되도록 많은 부모들에게 꾸물대는 아이의 행동방식, 이런 현상이 나타나는 이유, 그리고 이에 대한 해결방법을 소개하고자 했다.

이 책을 통해 엄마들이 많은 것을 느낄 수 있으리라 생각한다. 원제가 『아이들이 꾸물거리면 엄마는 어떻게 하지요?孩子們拖拖拉拉, 媽媽怎麽辦?』로, 엄마에게 초점이 맞춰져 있긴 하지만, 아이에게 관심이 있고 '늑장 부리는 아이'의 습관을 고치고 싶은 사람이라면 누구에게나 권한다. 책에 나오는 방법을 활용하면 '느림보 아이'들의 습관을 고칠 수 있을 것이다.

• 차례 •

Chapter 3 • 엄마, 짜증내지 말아요!

아이의 박자를 인정하고 존중한다

Chapter 4 • 아이에게 믿음을 주려고요

엄마가 먼저 변해보세요

PART 2 | 시간을 합리적으로 쓰는 아이

느림보에서 계획적이고 적극적인 아이로!

Chapter 5 • 누가 시간을 훔쳐갔나?

시간을 낭비하는 그릇된 습관 바로잡기

Chapter 6 • 계획표 작성하기

아이에게 합리적인 시간 활용법을 가르쳐라

Chapter 7 • 내 시간은 내 마음대로!

아이의 시간 이용률을 향상시키자

Chapter 8 • '공부 좋아하는 아이'로 만드는 프로젝트!

공부할 때 꾸물대는 아이의 심리를 파악하자

"늑장을 부리며 꾸물대는 아이의 습관은
결코 천성적인 것이 아니다. 엄마를 힘들게 하는 아이의
느린 행동 역시 아이가 원인이 아닐 수도 있다.
곰곰이 생각해보면 사실 엄마의 많은 언행, 예를 들어
언제나 아이를 재촉하는 엄마의 행동이
아이를 꾸물거리게 만드는 '원흉'일 수 있다.
느림보 아이를 바꾸려면 엄마 자신이
먼저 변해야 한다."

꾸물대는 아이, 느림보 아이

아이의 습관을 고치기 위해선 엄마도 달라져야 해요

아이는 왜 느림보가 되었을까?

왜 어른들에게 야단을 맞으면서도

아이는 계속 '거북이'처럼 느릿느릿 행동할까?

늑장을 부리는 것은 비단

아이의 나쁜 습관 때문이 아니다.

좀 더 깊이 아이가 늑장을 부리는 이유를

알아볼 필요가 있다.

정말 빨리 못 하겠는데…….

: 아이가 '느림보'가 된 진짜 이유는?

꾸물대는 아이

•

속 터지는 엄마

어차피 누가 해줄 텐데!

• 뭐든지 대신 해주는 엄마 •

우리는 환경이 편안하고, 그 편안한 환경을 실컷 누리고 싶어 하며, 다른 이들에게 도움받기를 원한다. 요즘은 아이를 많이 낳지 않는 추세이고, 그러다 보니 자연스레 온 가족이 아이를 중심으로 한 생활을 한다. 아이들은 어른의 보살핌 속에 편안하게 행복을 즐길 수 있기 때문에 당연히 '가만히 앉아있어도 먹여주고 입혀주는 어른들의 손길을 누리고 싶어' 한다.

결국 어른들로부터 더 많은 보살핌을 받게 된 아이들은 자기도 모르는 사이에 '허수아비' 같은 존재가 되어버린다. 아이에 대한 사랑이 깊어진 우리는 아이가 제대로 일을 못하거나 실수하는 모습을 그냥 지켜보지 못하고, 순간적으로 나서서 아이의 일을 대신해준다.

이런 상황이 되면 아이들은 내심, '어차피 엄마가 모두 해줄 건데 신경

쓸 필요 없겠네'라는 생각을 하게 된다.

> 칭칭은 매일 아침 옷 입고, 세수 하고, 밥 먹고, 신발 신고, 가방 메고, 모자 쓰는 것까지 모두 엄마가 도와주니 걱정할 필요도, 애써 자신이 스스로 행동할 필요도 없다. 그렇게 2학년이 되었는데도 여전히 엄마는 칭칭을 위해 모든 것을 해주었고, 엄마가 대신 해주니 그냥 편안하게 받기만 하면 됐다. 그런데 어느 날 엄마가 병이 났다. 엄마가 아침에 일어나지 않자 칭칭은 자신이 직접 모든 것을 챙길 수밖에 없었다. 그러나 아이는 한 번도 직접 혼자서 무언가를 해본 적이 없었다. 옷소매에 맞추어 팔을 집어넣는 것도 서투르고, 신발 끈도 제대로 맬 수가 없었다. 그래도 칭칭은 별 걱정을 하지 않았다. 평소 엄마는 30분이면 이 모든 것을 했기 때문에 자기도 문제가 없을 거라고 생각했다. 결국 그날 칭칭은 1교시를 통째로 빼먹고 말았다. 집으로 돌아온 칭칭은 엄마에게 불평을 털어놓았다. 엄마 역시 이 일로 깊은 생각에 빠졌다…….

칭칭의 엄마는 정말 곰곰이 생각해 볼 필요가 있다. 계속 이런 식으로 아이를 도와준다면 칭칭은 '느림보 아이'가 될 뿐만 아니라, 점차 능력을 키워나가는 데에도 문제가 발생할 것이다. 아이가 빨리 움직이도록 하기 위한 명분이라지만, 결코 엄마가 나서서 아이의 일을 대신해줘서는 안 된다.

주도권 넘겨주기

•

누구나 옷을 입을 줄 알아야 한다. 식사 역시 자신이 직접 해야 할 일이다. 필요한 물건이 있으면 자신이 직접 가져와야 하며, 책이나 장난감도 사용 후에는 스스로 정리해야 한다. 아이가 직접 할 수 있는 일은 무궁무진하다. 이런 일들은 모두 아이들이 자발적으로 해야 한다. 아이를 받을 줄만 아는 사람으로 키울 수는 없다.

당연히 일의 주도권을 아이에게 넘겨줘야 한다. 연령을 감안해 아이에게 충분한 능력이 있다고 생각되는 일은 아이 스스로 할 수 있도록 이끌어야 한다. 옷 입기를 예로 들어보자. 처음에는 어디가 앞이고 어디가 뒤인지, 소매나 바짓가랑이에 어떻게 팔과 다리를 끼워 넣어야 하는지 알 수 없어 쩔쩔 맬 수도 있다. 그러나 천천히 연습을 시켜 자발적으로 옷을 입도록 습관을 들이면 모두 해결할 수 있는 문제다.

인내심으로 무장하기

•

여기서 말하는 인내심이란 두 가지를 의미한다. 첫째는 인내심을 가지고 천천히 아이를 가르치는 일이며, 둘째는 엄마도 인내심을 가지고 아이를 도와주고 싶은 마음을 자제해야 한다는 것이다.

아이가 뭔가를 배우는 데는 시간과 과정이 필요하다. 세상에는 단 한 번에 배울 수 있는 일도, 그 즉시 능수능란하게 처리할 수 있는 일도 없다. 인내심을 가지고 하나씩 가르치면 점차로 익숙해질 수 있다. 천천히 옷을 입고, 밥을 먹고, 물건과 방을 정리하다보면 자연히 행동도 점차 빨라지기 시작한다.

이런 과정에 대해 인내심을 가지는 것 역시 엄마에겐 시험과도 같은 일이다. 끊임없이 실수하고, 능숙치 못한 과정을 참고 지켜봐야 하기 때문이다. 스스로를 자제하며 익숙지 못하고 느린 아이를 지켜봐줘야 한다. 이때 엄마는 아이와 함께 아이의 현재 모습과 과거의 모습을 비교할 수 있다. 전보다 동작이 빠르고 능숙해졌다면, 아이를 칭찬해주고 더 잘할 수 있도록 격려한다.

극단으로 향하지 않도록 조심하자

엄마가 아이의 모든 것을 대신해주는 습관을 고치려하다가 도리어 극단으로 치달을 수도 있다.

"모든 것을 대신해주던 습관에서 벗어나기 위해 수수방관 한다"

이런 생각을 가진 엄마들은 포기도 빠르다. 채 적응하기도 전에 완전히 손을 놓아버린다면 아이는 심리적으로 큰 타격을 받고 모든 일이 지나치게 어렵게 느껴지면서 자신이 바보 같다는 생각을 할 수 있다. 좌절감을 느낀 아이는 행동이 빨라지기는커녕 오히려 더 늑장을 부리며 꾸물댄다.

변화의 속도를 늦춰 조금씩 아이를 가르치며 스스로 할 수 있는 습관을 갖도록 유도하면서 적절하게 도움을 줘야한다. 아무 것도 못하던 아이에게 서서히 시간을 두고 행동을 익히고 속도를 높일 수 있도록 해야 한다.

"반드시 네가 직접 해야 돼. 널 봐주는 사람은 없어"

이런 식으로 강경한 태도를 취할 필요는 없다. 그저 아이가 자신을 챙기면서 조금 빨리 움직일 수 있도록 가르치려는 것뿐이다. 지나치게 차가운 태도는 아이의 마음에 상처를 줄 수 있다.

아이가 직접 움직일 것을 요구할 때에도 되도록 부드러운 태도를 취함으로써 아이에 대한 엄마의 사랑과 지지, 격려를 느낄 수 있도록 해야 한다.

"어느 때건 모든 것을 네가 직접 해야 해"

이런 방식의 표현은 지나치게 강압적이다. 특수한 상황에서는 예외를 허용해야 한다. 아이의 친구가 놀러왔는데도 친구와 시간을 보내는 대신 아이가 해야 할 일을 먼저 하도록 다그친다면, 이는 아이를 난처하게 만드는 일일 뿐만 아니라 어린 손님을 무시하는 행동이다. 이런 경우에는 아이가 해야 할 일을 미룰 수도 있다.

또한 중요한 상황이라면 아이를 너그럽게 풀어줄 수 있다. 아이에겐 연습할 시간이 많기 때문에 상황이 특수하거나 중요한 순간에도 이런 일들을 연습할 필요는 없다. 그럴 경우 나중에 일의 경중을 따져 행동하지 못하는 일이 발생할 수 있다. 그러나 아이가 일부러 시간을 지체하거나 소란을 피울 때면 단호한 태도로 교육해야 한다.

꾸물대는 아이

•

속 터지는 엄마

엄마 없네? 히히!

• 엄마의 재촉이 없으면 느림보가 되는 아이 •

재촉하는 엄마에 길들여진 아이들은 시간개념이 부족하거나, 아예 게으름을 피우는 때도 있다. 그런 아이는 일단 엄마가 재촉하지 않거나 옆에 없으면 금세 느림보 아이로 돌변한다. 아무리 중요하고 급한 일이 닥쳐도 개의치 않는다.

아이에게 시간개념이 없다면 이 또한 교육을 통해 개선해 나갈 수 있다. 아예 게으름을 피운다면, 우리는 각별히 주의해서 아이를 교육해야 한다. 그렇지 않을 경우 엄마가 말을 많이 하면 짜증을 내고, 말을 줄이면 교육 효과를 거둘 수 없기 때문이다.

칭칭은 언제나 엄마의 재촉이 있어야 행동을 취한다. 아침에 일어나는 일도, 숙제도, 엄마가 재촉하고 나서야 행동에 들어간다. 엄마의 재촉이 습관이 된 칭칭은 '엄마는 언제나 자신을 위해 무슨 일을 하든지 간에 가장 적절한 시간을 알려준다'는 생각이 머리에 박혀있다. 이 때문에 칭칭은 아예 시간개념이라는 것이 없고, 그저 엄마만 애가 탈 뿐이다.

며칠 동안 엄마가 고향에 가는 바람에 집에는 칭칭과 아빠만 남게 되었다. 한껏 기분이 들뜬 칭칭은 마음속으로 몰래 쾌재를 외쳤다.

'엄마가 없네! 자꾸만 재촉하는 사람이 없으니 정말 좋구나!'

엄마가 없는 첫날 밤, 칭칭은 잔뜩 늘어져 숙제를 하기 시작했다. 정말 간단한 수학 문제를 푸는데도 밤 11시까지 숙제가 이어졌다. 다음 날 아침, 칭칭은 늦게 눈을 뜨고도 침대에서 일어나고 싶지가 않았다. 칭칭은 마음속으로 엄마가 부르러 오겠지, 라고 생각했다. 아이는 아예 엄마가 집에 없다는 생각을 하지 못한 것이다.

칭칭이 눈을 뜨고 침대에서 일어났을 때는 이미 오전 10시가 되었을 즈음이었다. 등교시간이 벌써 두 시간이나 지났던 것이다. 칭칭은 침대에서 내려와 방을 뛰쳐나가 안방으로 달려갔다. 그리고 아빠를 향해 소리를 질렀다.

"아빠, 왜 나 안 깨워줬어요?"

집에서 쉬고 있던 아빠는 대수롭지 않은 듯 대답했다.

"너희 엄마가 너 깨우지 말라더라. 너도 컸으니 시간개념이 있어야 한다고."

칭칭은 그제야 큰 교훈을 얻을 수 있었다. 앞으로는 '반드시 시간개념을 가지고 행동해야겠다'는 생각이 간절했다. 칭칭 같은 습관을 가지고 있는 아이들이 많다. 엄마가 옆에서 자꾸만 재촉해야 빨리 움직이고, 일단 엄마가 사라졌다하면 원래 늑장을 부리며 꾸물대던 습성이 그대로 반복되는 아이들 말이다. 엄마는 이런 아이 모습에 애가 탄 적이 많았을 것이고, 심지어 감정을 억제하지 못해 아이에게 화를 낸 적도 있을 것이다.

그러나 이런 상황에 대해 곰곰이 생각해볼 필요가 있다. 대체 무슨 이유 때문에 아이가 그렇게 늑장을 부리는지, 엄마인 우리들 역시 책임이 있는지를 돌아봐야 한다. 기본적으로 칭칭과 같이 재촉하는 사람이 없으면 느림보가 되는 아이는 '늘 재촉하는 어른' 때문에 나쁜 습관에 젖어 있기 때문이다. 그렇다면 우리는 어떻게 해야 할까?

놀이를 통해 시간개념을 갖게 한다

•

아이에게 시간은 추상적인 것이다. 아이는 시간이 흐른다는 것이 대체 무슨 말인지 완벽하게 이해하지 못할 수 있다. 아이에게 기본적인 시간개념을 갖게 해주기 위해서는, 먼저 시간이란 되돌릴 수 없다는 것을 깨닫게 해줘야 한다.

이를 테면, 아이와 '5분 정리끝내기'와 같은 놀이를 할 수 있다. 아이에게 일정한 시간을 주고 그 시간 안에 정해 놓은 일을 마치도록 하여, 시간과 현재 해야 할 일과의 상관관계를 깨닫게 하는 것이다. 시간을 5분으로 정하고 알람시계로 시간을 맞춰놓은 후 아이와 장난감 정리 경주를 하거나, 함께 이야기책을 읽을 수도 있다. 정해 놓은 시간이 끝나면 아이에게 5분 안에 자신이 무슨 일을 했는지 알려준다. 예를 들어 완구를 몇 개나 정리했는지, 글자를 얼마나 읽었는지 등이다. 아이는 이로부터 성취감을 느낄 수 있다. 또한 엄마는 아이에게 조금 전 5분이란 시간은 다시 돌아오지 않으며, 5분을 써버렸지만 대신 완구를 정리하고 새로운 낱말을 배우게 되었는데 그것이 바로 5분이 주는 선물이라고 말해 줄 수 있다.

확고한 '시간개념' 약속

아이가 시간에 대한 긴박감을 갖지 못하는 것은 처음부터 부모가 아이에게 '시간은 충분하다'라는 관념을 심어주었기 때문이다.

곰곰이 생각해보자. 예를 들어 등교 시 오전 7시 30분에는 집에서 나가야 하는데 부모는 아이에게 7시 25분으로 시간제한을 두는 경우가 있다. 그리고 7시 25분부터 우리는 끊임없이 시간을 '늘려준다'.

"5분 더 줄 테니까, 빨리빨리 해! 늦겠다!"

우리는 아이에게 빨리하라고 재촉하면서, 안심한다. 처음 5분이라는 시간의 여유를 두었기 때문이다. 아이가 7시 25분까지 준비를 다 마치지 않는다 해도, 7시 30분에 나갈 수 있는 장치를 해두었기 때문이다. 그러나 이렇게 하면 아이는 원래 시간이 충분한 것이었구나, 라고 생각하게 된다. 엄마가 말로는 늦을 거라고 하지만, 결과적으로 자신은 학교에 지각하지 않았기 때문이다.

이런 상황이라면 우리는 '재촉'하는 방법을 바꿔 아이와 시간 약속을 할 수 있다. 한 엄마는 다음과 같은 방법을 사용하였다.

딸아이는 행동이 정말 느려요. 무슨 일을 해도 꾸물거려요. 밥을 먹을 때도 꾸물거리면서 빨리 먹지를 않죠. 때로 설거지를 다 마칠 때까지 먹고 있을 때가 있어요. 그래서 제가 이렇게 말했죠.

"우리가 식사를 모두 마칠 때까지도 계속 먹고 있으면, 네가 다 먹었든 안 먹었든 간에 그릇과 수저를 다 치워버릴 거다."

그런데 딸아이는 제 말에 전혀 신경을 쓰지 않았어요. 그렇게 말하고 난 다음 번 식사 시간이었어요. 아이가 여전히 꾸물거리며 밥을 먹더라고요. 전 식사를 마친 후 아이 그릇과 수저를 치워버렸어요. 그릇에 아직 밥과 아이가 가장 좋아하는 생선이 담겨있었어요. 놀란 눈으로 저를 쳐다보기에, 아무렇지도 않은 듯 말했어요.

"시간을 지키라고 말했었지? 배불리 먹지 못한 건 네 책임이야."

그 사건 이후 아이는 식사 때 더 이상 꾸물거리지 않았어요. 때로 아이가 식사를 다 마치지 않았는데 그릇을 걷어가 버린 적이 있긴 하지만, 그릇 안에 남아있는 음식량은 점점 줄어들었어요. 결국 아이는 식사 속도를 우리와 맞출 수 있게 되었죠.

확고한 시간약속은 아이에게 문제의 심각성을 일깨워주며, 더는 요행심리를 갖지 않게 만든다. 아이는 시간약속을 지키지 않았기 때문에 얻은 교훈을 기억하며, 이러한 기억이 깊이 각인되어 전과 다르게 적극적으로 자신의 습관을 고치려 노력하게 된다.

재촉하는 방법을 새롭게

우리는 아이가 자발적으로 자기 일을 처리하길 원하지만 심리학 연구 결과에 따르면, 아이는 7, 8세가 된 후에야 자신에 대한 관리 능력이 생긴다고 한다. 따라서 우리는 그 전까지는 아이를 재촉할 필요가 있다.

대신에 아이를 향한 반복적이며, 기계적이고, 설교와 같은 잔소리를 줄일 수 있는 방법은 무엇일까? 똑같은 재촉이라도, 조금 부드럽게, 유머가 느껴지는 재촉을 할 수도 있다. 예를 들면 아이가 꾸물대며 빨리 숙제를 하지 않을 때면 이렇게 말할 수 있다.

"노트가 연필을 싫어하나 보네? 왜 연필을 가까이 오지 못하게 할까?"

이런 식으로 접근하면 아이는 엄마가 자신을 재촉하고 있다는 사실을 의식할 수 있다. 우리가 아이 곁에 없을 때에도 미리 이렇게 말해줄 수 있다.

"노트랑 연필이 좋은 친구가 될 수 있도록 노력해봐! 너라면 할 수 있을 거야!"

이와 같은 재치 넘치는 표현으로 아이의 흥미를 돋우면 아이는 숙제를 친근하게 느끼며 숙제시간도 단축할 수 있다.

꾸물대는 아이
•
속 터지는 엄마

나도 급하단 말이에요!

• 아이도 초조하지만, 빨리 할 수가 없어요 •

아이는 각 부분의 발달이 동일하지 않다. 그러한 이유로 때로 손발을 자유자재로 맞추어 움직일 수가 없고, 자연히 하고 싶어도 동작을 빨리 할 수 없다. 사실 조급하기는 아이 역시 마찬가지다. 이럴 때 우리가 아이를 자꾸만 재촉한다면 어떨까. 아이는 더욱 불안해지고, 심한 경우 화를 낼 수도 있다. 그런데 이런 조급함은 아이의 행동을 빠르게 변화시키지 못할 뿐만 아니라, 초조함으로 인해 오히려 더욱 느림보로 만든다. 결국 악순환이 반복되는 꼴이다.

샤오린은 유명한 느림보다. 간단한 예를 들어보자. 학교가 끝날 무렵, 다른 아이들은 모두 책가방을 재빨리 챙기지만, 샤오린은 언제나 행동이 굼뜨고 책가방 안도 난장판이라 몇 가지 물건을 늘 빠트리기 일쑤다.

학교에서 뿐만이 아니라, 집에서도 느리긴 마찬가지다. 아침에 일어날 때도, 옷을 입을 때도, 언제나 한참을 꾸물거린다. 엄마가 재촉하면 샤오린은 행동이 빨라지기는커녕 더욱 느려진다. 엄마에게 혼날 때마다 샤오린는 인상을 찌푸리며 이렇게 말한다.

"나도 빨리 하고 싶지만 빨리 안 된단 말이야!"

엄마는 이런 말을 들으면 더 골치가 아프다.

샤오린의 엄마가 골치 아픈 것도 당연하다. 내 아이가 다른 아이에 비해 행동이 반 박자 느려, 매번 꾸물댄다면 어떤 엄마가 초조하지 않겠는가? 그러나 괜히 조급해봤자 소용이 없다. 샤오린이 말한 것처럼, 실은 아이도 빨리 행동하고 싶다. 그런데도 자꾸만 행동이 느려지고, 꾸물대는 것은 어떤 이유에서일까?

순서대로 조금씩 나아갈 수 있도록 도우면 효과를 거둘 수 있다

아이의 행동이 빨라지도록 변화시키기 위해서는 '과정'이 필요하다. 아이의 사유능력이나 신체조화능력이 모두 발육 중에 있기 때문이다. 어떤 행동을 할 때 아이는 일의 순서를 어떻게 정해야 할지 모르고, 일의 기본적인 방법을 이해하지 못한다. 간단히 말하면 '동작이 아둔하다'고 표현할 수 있다. 그럴 때 엄마는 인내심을 가지고 아이가 점차적으로 동작을 빨리 취할 수 있도록 지도해야 한다.

먼저, 아이에게 작은 목표를 하나 세우도록 한다. 일주일 안에 혼자서 옷을 입고 단추를 채운다든가, 며칠 안에 신발끈을 매는 일 등이다. 반복적으로 아이를 훈련하여, 숙련된 동작을 취할 수 있도록 돕는다. 서서히 이러한 동작에 익숙해지고 나면, 아이의 손은 자연히 능숙한 동작을 취할 수 있다. 그 과정에서 부모는 충분히 아이를 가르치고, 칭찬을 해주어야 한다. 목표 설정 역시 쉬운 것부터 점차로 난이도를 높여, 아이가 성취감을 느낄 수 있도록 해야 한다.

같은 연령의 아이들과 '겨루기'를 할 수 있도록 장려한다

아이들도 승부욕이 있다. 남자아이들은 모두 일등이 되고 싶어 하며, 여자아이 역시 자존심이 강하기 때문에 다른 이에게 뒤처지고 싶어 하지 않는다. 따라서 부모는 이러한 아이들의 개성을 잘 파악해 '시합', 즉 겨루기를 통해 아이가 점차 빨리 행동을 취하도록 도울 수 있다.

예를 들면 우리는 아이에게 친구를 집에 초대하라고 한 다음, 의식적으로 아이들이 시합을 할 수 있도록 하여 늑장을 부리며 꾸물대는 결점을 극복할 수 있도록 도울 수 있다. 시합을 준비할 때는 반드시 아이가 쉽게 할 수 있는 일부터 시작하도록 한다. 그로부터 아이는 성공을 경험할 수 있으며, 또한 자신의 실력이 어느 정도인지를 파악할 수 있다.

때로 이처럼 상황이 분명한 시합에 자신감이 쳐지는 아이들도 있다. 부모가 아이에게 다른 아이와 확연히 수준이 대비되는 상황을 요구한다면, 오히려 정반대의 효과를 불러 올 수 있다. 이런 경우에는 아이가 다른 아이와 암암리에 겨루기를 할 수 있도록 해준다.

샤오린의 경우 부모는 아이에게 책가방을 챙길 때 자신처럼 동작이 느린 친구를 찾아 혼자서 몰래 그 친구와 겨루기를 해보라고 권유할 수 있다. 노력만 한다면 샤오린이 더 빨리 할 수 있기 때문이다. 그리고 상대보다 행동이 빨라졌을 때 다시 새로운 대상을 찾아서 연습하면 점점 더 동작이 빨라질 수 있다고 가르친다.

자신이 얼마나 빨라졌는지 아이에게 확인시켜준다

아이들도 평소 생활에서 다른 아이와 자신의 차이를 느낄 수 있다. 다른 아이가 자신보다 빨리 어떤 일을 완성할 때 마음이 편안하지 않은 것이다. 엄마는 이러한 것을 교육하기 좋은 시기를 파악해야 한다. 먼저 한 가지 일부터 시작해 아이가 꾸물대는 습성을 버릴 수 있게 돕는다. 아이들이 꾸물대는 습관을 버리도록 돕기 위한 가장 훌륭한 검증 기준은 바로 아이 자신이다. 엄마는 특징에 맞게 '아이 맞춤형 목표'를 설정해주고, 원래 자신의 모습을 뛰어넘을 수 있도록 격려한다.

아이를 도와 진도표를 작성한다. 하루나 사나흘, 혹은 일주일 간격으로 하나씩 진도를 나간다. 원래 아이의 상태를 기록하여, 매일 아이가 스스로 기록할 수 있도록 돕는다거나 자신의 실제 완성 상황을 기록하도록 한다. 또한 이전 행위에 비해 발전했다면 제때 칭찬을 해주어 정신적, 물질적 보상을 받도록 한다. 그러나 퇴보했다고 해서 조급해할 필요도 없다. 어쨌거나 아이의 진도는 곡선형을 나타내기 때문에 언제나 발전만 하길 기대할 수는 없기 때문이다. 처음 시작했을 때는 그리 눈에 띄는 큰 변화를 느끼지 못할 수도 있다. 그러나 인내심을 가지고 기다려야 한다.

이밖에 아이가 자라면서 그에 맞는 목표 역시 적절하게 수정해야 한다. 예를 들어 초등학교 때는 '혼자서 옷 입기'와 같은 목표를 세워주었다면, 더 커서는 '짧은 시간 안에 빨리 옷 입기'와 같은 식으로 목표를 바꿀 수 있다. 그렇게 하면 아이는 계속해서 높은 곳을 향하여 더 나은 성과를 거둘 수 있다.

꾸물대는 아이

•

속 터지는 엄마

왜 그렇게 빨리해야 하는데요?

• 천성이 느긋한 아이! 급할 일이 없답니다 •

천성이 느긋한 아이를 만나면 어처구니없을 때가 있다. 속이 새카맣게 타들어갈 정도로 엄마 마음은 급하건만, 아이는 태연하게 '하나씩 차례대로' 행동을 하는가 하면, 심지어 '왜 그렇게 빨리 해야 하는데요?'라고 엄마를 원망할 때도 있기 때문이다.

천성이 느긋한 아이에 대해 한 마디로 평가를 내릴 수는 없다. 예를 들어 어떤 이는 평소 느린 것처럼 보이지만, 중요한 순간에는 평소와 달리 매우 열심히, 진지하게, 빠른 속도로 일을 깔끔하게 마무리한다. 그런가 하면 느릿한 행동이 사실은 침착함의 표현으로, 타인에게 안정감을 주면서도 오히려 일을 더 빨리, 훌륭히 처리하는 사람도 있다. 문제가 되는 것은 언제나 여유 만만한 모습으로 행동하는 바람에 중요한 순간에 일을 그르침으로써 사람들을 골치 아프게 만드는 유형이다.

샤오양은 성격이 느긋해요. 평소 집에서 어떤 상황에서도 서두르는 법이 없죠. 가족 모두 외출할 때면 가장 마지막으로 준비를 끝내는 바람에 온 가족이 앉아서 샤오양을 기다려야 해요. 그런데 학교에서는 더 느리다고 합니다. 한 번은 수업 시간에 쪽지 시험을 봤는데, 선생님이 이번 시험은 문제가 좀 많으니 시간 잘 계산해서 되도록 빨리 풀라고 했다는군요. 학생들 모두 답을 적느라 분주한데 샤오양만 시험지를 받은 후 한쪽에서 연필을 깎기 시작하더란 겁니다! 샤오양이 연필을 다 깎았을 때는 이미 다른 아이들은 몇 문제를 푼 뒤였고요. 연필을 다 깍은 후 문제를 풀기 시작한 샤오양이 이번에는 연습지에 계산을 해서 답을 적은 다음, 이 답을 다시 시험지에 옮겨 적더래요. 마지막에 선생님이 시험지를 걷을 때 보니, 많지는 않았지만 문제를 모두 푼 친구들이 그래도 제법 있었고, 다 풀진 못했다고 해도 마지막 한두 문제 정도 남은 수준이었다는군요. 그런데 샤오양은 앞장의 문제도 다 풀지 못했다니, 점수는 알만 하죠.

선생님이 이 때문에 몇 번이나 엄마와 상담을 했는데 엄마는 골치만 아플 뿐, 도무지 어떻게 이런 샤오양의 습관을 개선해야할지 방법을 알 수가 없었습니다. 이런 순간에도 샤오양은 아무렇지도 않다는 듯 이렇게 말하는 겁니다.

"어른들이 왜 그렇게 걱정하는지 모르겠어요."

아이가 느긋한 성격을 '체험'하도록 유도한다

•

천성이 느린 아이들은 대부분 자기가 느리다는 것을 '알지 못한다'. 그런 아이들은 아마도 샤오양과 같은 생각을 가지고 있을 것이다.

"왜 그렇게 빨리 해야 하지?"

이런 경우 우리는 아이에게 자신이 얼마나 느린지 체험할 수 있는 환경을 만들어 줄 수 있다. 예를 들면 다음에 소개하는 엄마처럼 아이의 평소 모습을 연기해보는 것이다.

"샤오이가 매일 아침 일어나는 모습은 마치 슬로모션을 보는 것 같아요. 옷을 입는 속도는, 아마도 거북이보다 느릴 거예요."

엄마는 샤오이가 조금은 더 빨리 행동할 수 있길 바랐을 뿐이지만, 아무리 말해도 샤오이는 여전히 '자기 속도' 그대로였다. 결국 엄마는 '비장의 카드'를 쓰기로 했다.

일요일, 엄마는 샤오이에게 역할을 바꿔보자고 제안했다. 다시 말해, 엄마가 샤오이가 되고, 샤오이가 엄마가 되는 것이었다. 샤오이는 호기심이 가득한 모습으로 곧바로 엄마의 제안을 받아들였다. 모녀, 두 사람은 먼저 아침에 일어나는 것부터 연기했다. '엄마'가 '샤오이'를 깨우기 시작했다. '샤오이'는 천천히 이불에서 빠져나와, 천천히 옷을 들어올리기 시작했다. 그리고 팔을 천천히 한쪽 소매에 들이민 다음, 다시 다른 소매에도 천천히 팔을 끼워 넣었다. 이어서 옷을 느릿느릿 매만진 다음 단추를 채우고, 다시 천천히 바지를……. 샤오이는 엄마의 모습을 보며 인상을 찌푸렸다.

"너무 느리잖아. 좀 빨리 해야지 안 그러면 지각하겠어!"

엄마가 웃으며 침대에서 내려와 샤오이 앞으로 다가갔다.

"너도 너무 느리다는 생각이 들지? 네가 매일 아침 어떤 모습으로 일어났는지 생각해 봐."

샤오이의 얼굴이 갑자기 벌겋게 달아올랐다.

"응, 엄마! 엄마 말이 무슨 말인지 알겠어."

엄마가 고개를 끄덕이며 말했다.

"그래, 넌 일찍 일어날 수 있어. 내일부터 노력하자, 어때?"

샤오이의 엄마처럼 실제 모습을 그대로 재현하는 방법은 아이에게 시각적이며, 심리적인 영향을 줄 수 있다. 이는 아이가 자신의 느긋한 성격이 대체 얼마나 느린지 파악하는데 도움이 된다. 아이에게 자신이 얼마나 많은 시간을 낭비하는지 보여주고, 이처럼 '느린' 행동을 지켜보고 기다리는 심정이 어떤지 체험할 수 있도록 한다면, 아마도 아이는 의식적으로 빨리 행동하려고 노력할 것이다.

물론 이런 '체험'을 하기 전에 엄마는 먼저 아이의 성격을 이해해야 한다. 만약 아이가 매우 민감하고 여린 감성을 가지고 있다면, 이런 역할 바꾸기 놀이에서 자신을 부끄럽게 여길 것이다. 아이가 자신이 비웃음의 대상이라고 생각한다면 이는 오히려 '느린' 행동을 고치는데 불리하다. 아이의 성격이 그렇다면 다른 교육방법을 선택해야 한다.

엄마 자신부터 바꾸도록 한다

•

아이를 교육하기 전에 엄마들 또한 먼저 자신을 유심히 되돌아볼 필요가 있다. 엄마 역시 느긋한 성격이 아닐까? 엄마인 내가 느긋하다면, 내가 만든 이 '느긋한' 집안 분위기가 아이에게 깊은 영향을 미쳤을 것이다.

그렇기 때문에 아이를 교육하려면 엄마 자신부터 고쳐나가야 한다. 엄마가 적절하게 자신의 일처리 속도를 조절해야 한다.

다른 이의 평가에서 자신을 고쳐나가도록 가르친다

•

아이는 자라면서 서서히 타인의 평가를 이해하기 시작한다. 생각이 커지면서 아이 역시 점차 타인의 말뜻을 파악할 수 있게 되는 것이다. 엄마는 정확하게 타인의 평가를 대하고 그러한 평가들로부터 자신의 결점을 고쳐나갈 수 있도록 아이를 가르쳐야 한다.

학급 행사에서 만약 아이가 꾸물대느라 지장을 초래하면, 다른 아이들은 우리 아이를 어떻게 평가하겠는가? 우리 아이를 원망하거나 비웃지 않을까? 또한 아이 역시 꾸물거리면 왜 남으로부터 이런 대접을 받는지 생각하게 해야 한다. 우리는 아이와 솔직한 태도로 이 문제에 대해 이야기를 나눠야 하며, 절대 질책하거나 비난해서는 안 된다.

꾸물대는 아이

•

속 터지는 엄마

아직 아닌데…….

• 완벽을 추구하는 아이, 끊임없는 반복! •

사람들은 모두 완벽을 추구한다. 나이가 들면서 아이들도 스스로에게 이런 기대를 갖는다. 완벽함에 대한 추구가 적극적이며 진취적인 태도를 대표하긴 하지만, 어떤 아이들은 이 때문에 적절치 못한 행동을 취하는 경우도 있다.

올해 3학년인 치치는 매사에 열심히 노력하는 아이다. 열심히 공부하여 학업성적이 우수하기 때문에 선생님은 치치를 무척 예뻐한다. 치치는 선생님의 애정 어린 기대를 저버리지 않으려 모든 부분에 적극적으로 최선을 다한다. 예를 들어 새로운 단어를 쓸 때는 조금만 잘못 돼도 지우고 다시 쓴다. 만약 그래도 맘에 들지 않으면 끊임없이 계속 썼다 지우기를 반복한다. 심지어 나중에는 공책을 찢어 모든 단어를 처음부터 다시 쓰는 일도 벌어진다. 치치는 자신의 이런 행동에 대해 "선생님은 완벽한 것을 좋아해요. 선생님의 기대만큼 해야 돼요."라고 해명을 한다.

그러나 이렇게 하다 보니 치치는 매번 숙제를 하는데 시간이 너무 오래 걸린다. 원래 30분이면 마칠 숙제를 두 시간 넘게 하기도 한다. 때로 엄마가 이런 치치를 말리기도 한다.

"이 정도면 정말 잘 썼는데."

하지만 치치는 엄마의 말에는 아랑곳않고 자신의 생각을 고집하고, 이런 일 때문에 모녀는 서로 자주 논쟁을 벌인다.

이런 경우 치치는 종종 극단으로 치닫는다. 완벽하기 위해 끊임없이 반복하면서 수많은 시간을 허비하고 늑장을 부리는 아이가 되어버린 것이다. 많은 아이들이 여러 가지 이유로 완벽을 추구하지만, 이런 습관이 자칫 자신에게 부담으로 작용할 수 있다. 아이는 아직은 시간과 행동을 적절하게 조절할 수 없기 때문에 완벽함을 추구하기 위해 종종 소중한 시간을 낭비한다.

그렇다면 우리는 이처럼 완벽함을 위해 끊임없이 자신을 소진시키는 아이를 어떤 태도로 대해야 할까?

엄마부터 지나치게 완벽을 추구하지 않도록 한다

•

아이에게 있어 엄마의 행동은 막대한 영향을 미친다. 지나치게 완벽을 추구하고 자신에 대한 요구가 엄격한 엄마의 모습도 아이에게 그대로 '본보기'가 될 수 있다. 더욱이 엄마 스스로가 완벽함을 추구한다면, 아이에 대한 요구도 엄격해질 것이다. 이런 식으로 제약을 가하다보면 아이는 엄마의 사유방식을 닮게 될 것이며, 심지어 엄마보다 더 진지하고 엄마보다 더 완벽을 추구하는 사람으로 성장하게 될 것이다.

따라서 이런 아이의 습관을 고치기 위해서는 먼저 엄마 자신부터 바뀌어야 한다. 우선 아이에게 지나친 요구를 하지 않아야 한다. 아이의 행동을 시시콜콜 따지지 말 것이며, 말을 할 때도 속도를 낮추고 얼굴 표정을 통해 의사를 전달한다면 아이도 긴장을 내려놓을 것이다. 둘째, 되도록 자신이나 타인에 대한 불만을 표현하지 않는다. 특히 항상 잘못된 부분에만 주의력을 집중시키지 말고, 자신이나 타인이 잘한 부분을 많이 생각한다. 셋째, 생활의 리듬을 늦춰야 한다. 미흡한 부분이 있어도 그 즉시 고칠 필요는 없다. 또한 언제나 아이의 결점을 꼬치꼬치 따지며 트집을 잡을 필요도 없고, 즉각적으로 잘못을 고치라고 요구할 필요도 없다.

아이의 특징에 따라
완벽주의 성격을 고치도록 돕는다

•

똑같이 완벽주의 성향을 보인다 해도, 아이마다 완벽을 추구하는 부분은 다를 수 있다. 어떤 아이는 공부에 완벽을 추구한다. 특히 저학년 아이의 경우 숙제를 접하게 된 지 얼마 되지 않았기 때문에 지나치게 진지할 수 있다. 마치 앞에서 예로 든 치치처럼 언제나 자신이 부족하다는 생각에 자꾸만 반복을 거듭할 수 있다. 이런 아이에게는 먼저 대화를 통해 불만을 느끼는 이유, 끊임없이 다시 반복하는 이유를 알아봐야 한다.

자신의 글씨에 불만을 느낀다면 글씨는 다른 시간에 연습을 해도 되니 숙제시간을 낭비하지 않도록 일깨워준다. 그래도 자신의 결과물에 만족을 느끼지 못하거나 판단을 내릴 수 없어 한다면, 먼저 1차로 끝낸 숙제를 옆으로 제쳐두고 다른 노트에 다시 글씨를 쓰도록 한다.

이때는 자신이 잘못 썼다고 생각하는 부분을 고치게 한다. 다음 날 학교에 갔을 때 두 가지 숙제 노트를 모두 선생님께 제출하여 선생님의 평가를 받도록 한다. 만약 선생님이 거의 차이가 없다고 말하면, 다음부터 두 번이나 숙제를 할 필요가 없다는 점을 알려준다.

생활에서 완벽함을 추구하는 아이도 있다. 예를 들어 자기 물건을 항상 깔끔하게 정리하여 조금이라도 흐트러지면 다시 정리를 하는 식이다.

아이는 주관적으로 물건이 놓인 모습을 생각하기 때문에 자기 생각에 맞지 않으면 올바르게 정리하려고 노력한다. 이런 아이들은 엄마가 방을 정리해도, 스스로 제자리에 가 있지 않은 물건이 많다고 생각하고 다시 정리를 한다. 사실 이런 과정은 모두 시간 낭비다. 이런 상황에서 엄마는 침착한 태도로 아이가 자기 방식대로 정리할 수 있도록 돕거나, 아니면 스스로 알아서 하도록 내버려 둬야 한다. 아이가 자라면서 문제를 보는 각도가 달라짐에 따라 이런 행동도 자연스럽게 사라질 것이다.

꾸물대는 아이

속 터지는 엄마

노는 건 좋지만, 공부는 싫어!

• 놀 때는 재빨리, 공부할 때는 꾸물꾸물 •

아이는 천성적으로 놀기를 좋아한다. 자신이 흥미를 느끼는 일을 하고, 이런 일을 할 때는 지칠 줄 모른다. 그러나 공부 이야기만 나왔다 하면 기분이 나빠지고 행동도 느려지는 아이들이 많다. 아이들은 공부에 최대한 소극적인 태도를 취하고 가장 중요한 순간에 늑장을 부린다.

한 엄마가 불만을 털어놓았다.

아이들은 두 개의 얼굴을 가지고 있는 것 같아요. 아빠가 주말 아침에 "아들, 오늘 놀러 가자."라고 하면 후다닥 자리에서 일어나 옷 입고, 양치질 하고, 세수를 하죠. 우리가 옷을 다 입기도 전에 아이는 보채듯 입구에 서서 우리를 기다려요. 하지만 저녁에 "숙제 빨리해야지!"라고 말하면 아이는 느림보가 되기 시작합니다. 이제 3학년이라 선생님이 내 주는 숙제도 많지 않아요. 그 정도 수학 문제면 10분 정도 투자하면 할 수 있는데도, 거의 잠자기 직전까지 질질 시간을 끕니다. 결국 저녁 내내 아무 것도 못하고 수학 문제 몇 개에 매달려있죠.

이런 아들 모습에 머리가 지끈거려요. 놀 때 쓰는 기운을 조금만 공부에 쏟으면 얼마나 좋을까요.

이와 같은 답답함을 호소하는 엄마의 심정을 이해할 것이다. 아마도 다른 가정에도 공부만 했다 하면 느림보가 되는 아이가 있을 수 있다. 우리 눈에 아이는 열심히 공부하지 않는 자녀이며, 선생님 눈에도 역시 공부에 게으른 학생으로 비칠 것이다. '놀 때는 잽싸고, 공부할 때는 느려터진' 모습을 보면, 당장이라고 아이의 머릿속으로 들어가 이 두 가지 행동을 할 때 두뇌의 구조가 어떻게 다른지 대조해보면 좋겠다는 생각이 들 정도다.

그러나 마음이 아무리 조급해도, 우리는 언제나 상황에 따라 적절한 조치를 취해야 한다. 이런 아이들은 타고난 천성이 느린 것은 아니다. 무작정 비난하거나 욕을 하고 때리는 것은 절대, 좋은 방법이 아니다. 우리는 아이가 마음을 조절하여 놀 때의 빠른 동작이 공부할 때도 그대로 적용될 수 있도록 도와야 한다.

학습에 대한 흥미 유발

•

아이가 놀이를 좋아하는 것은 놀이에 '흥미'를 느끼기 때문이다. 우리는 아이의 흥미를 높이는 방법을 통해 학습에 대한 적극성을 이끌어낼 수 있다. 쉽게 이야기 하면, 아이에게 학습이란 즐거운 것임을 느끼게 해주어야 한다는 말이다.

우리는 적절하게 아이의 요구를 풀어줘야 한다. 공부할 때는 비난을 하지 말고, 아이가 얻은 작은 성과에도 긍정과 격려를 아끼지 말아야 한다. 또한 부모 역시 즐거운 방법으로 아이의 생활과 놀이에 지식이 녹아들도록 하여, 탐구심을 유발해야 한다. 이를 테면 부모는 평소 동서고금의 위인들이 열심히 공부한 이야기를 통해 아이들에게 그들을 본받도록 격려하여 열심히 책을 읽고 공부해야 앞으로 좋아하는 일을 더 많이 할 수 있다고 말하지 않는가.

놀고만 싶어 하는 아이들을 자제시킨다

•

과학기술이 끊임없이 발전하는 현대사회에는 장난감 역시 날이 갈수록 많아지고 있다. 간단한 장난감에서 첨단과학기술이 적용된 완구, 컴퓨터 게임들을 보면 아이들이 점점 더 노는데 열중하는 것은 마치 '부득이'한 일처럼 느껴질 정도다. 놀고 싶은 아이의 욕망을 자제시키기 위해서는 의식적으로 명확한 목표 설정을 하고 아이들을 이끌어갈 필요가 있다.

먼저, 끊임없이 아이들의 요구를 만족시켜줘서는 안 된다. 아이에게 가장 좋은 것을 주고 싶은 마음에 여러 가지 장난감을 사주는 경우가 많다. 또래 친구들에게 주눅이 들지 않도록 아이가 요구할 때마다 원하는 것을 사주는 것이다. 결국 엄마가 놀이에 대한 아이의 욕망을 자꾸만 확대시켜 주어 자제가 어려운 지경에 이르게 한다. 아이에게 새로운 장난감을 사주고, 그 때문에 새로운 놀이의 기회로 이끄는 횟수를 점차 줄여가야 한다.

둘째, 의식적으로 아이가 학습에서 거둔 성적을 긍정하며, 이를 칭찬해 준다. 또한 놀면서 거둔 '성적'에 대해서는 냉담한 반응을 보여야 할 필요도 있다. 아이들은 누구나 칭찬을 좋아한다. 학습 성적을 통해 어른들로부터 칭찬을 받았을 때 아이들의 관심은 자연히 공부로 이동하게 된다.

셋째, 이미 노는 일에 푹 빠져버린 아이들이라면 단번에 이런 욕구를 자제시킬 수는 없다. 이 경우 집에서 아이의 놀이 욕구를 유발할 수 있는 물건을 점차로 줄여 가면서 놀이의 기회가 줄어들도록 해야 한다. 또한 적절하게 학습과 관련된 물건을 늘린다. 이를 테면 각종 지식이 담긴 책, 지도 또는 학습을 격려하는 그림과 글자, 장식 등이다. 이런 식으로 집안 분위기를 바꿔 문화적 분위기를 통해 아이에게 잠재적인 영향을 줄 수 있도록 한다.

아이가 학습에서 부딪치는 문제를 해결할 수 있도록 돕는다

•

아이가 놀고만 싶어 하고, 공부를 싫어하는 이유는 그저 노는 데만 정신이 팔려있기 때문이 아니다. 아이에게 공부가 너무 어렵고, 기억하기도 힘들고, 공부를 해도 이해할 수 없기 때문이다. 그에 비해 노는 일은 무척이나 쉬워서, 어렵지 않게 재미를 느낄 수 있는 것이다. 그럴 경우 아이는 언제나 공부를 피해 다니고, 공부만 시작했다 하면 머뭇거리고 꾸물댄다. 그렇기 때문에 엄마는 아이의 학습 능력을 키워주어 학습 시 부딪치는 어려움을 해결할 수 있게 하여, 아이가 더는 공부가 골치 아픈 것이 아님을 느끼도록 도와야 한다.

먼저, 아이와 이야기를 나누어 문제가 무엇인지 파악한다. 예를 들어 기억력에 문제가 있는 것이라면 아이에게 맞는 기억법을 찾을 수 있게 도울 수 있다. 학습이 어려울 경우 어느 부분에 문제가 있는지 분석해준다. 아이에게 이치를 설명해준다던가, 혹은 선생님이나 다른 친구들을 동원할 수도 있다. 만약, 그저 단순하게 공부를 피곤하다고 느낀다면 합리적으로 시간을 배치해 놀이와 학습이 조화를 이룰 수 있도록 지원한다.

아이가 공부할 때 부딪치는 문제를 해결하여 학습능력을 향상시킨 후 놀고 싶은 욕망을 자제시킨다면, 아이는 꾸물대며 학습을 멀리하는 습관을 고칠 수 있을 것이다.

꾸물대는 아이

•

속 터지는 엄마

어, 저기 개미가 있네?

• 산만한 아이 = 느림보 아이? •

아이가 꾸물대는 이유 가운데는 주의력 산만이 원인이기 때문인 경우도 있다. 이런 아이들은 전혀 상관이 없는 작은 물건이나 작은 일에도 주의가 흩어져, 하려던 일에 대한 초심을 잃고 만다. 주의력을 빼앗기면 자연히 하려던 일에 지장이 생기기 마련이다.

샤오저우가 욕실에 들어간 지 벌써 두 시간이 다 되어가는 데도 샤워가 끝날 줄을 몰랐다. 초조해진 엄마는 안에서 무슨 일이 벌어졌다고 생각하고, 계속해서 욕실 문을 두드렸다. 한참이 지나고 나서야 샤오저우가 문을 열었다. 애가 탄 엄마가 소리를 질렀다.

"뭐하는 거야? 깜짝 놀랐잖아!"

엄마가 이렇게 말하며 샤오저우의 뒤를 보니 욕조에 작은 고무오리가 둥둥

떠 있는 것이 보였다.

엄마는 그 순간 버럭 화를 냈다.

"목욕하면서 또 오리 가지고 놀았어? 그러니까 시간이 그렇게 오래 걸리지!"

샤오저우가 입을 삐죽거렸다.

"잠깐 오리 좀 가지고 논 걸 가지고."

엄마는 그 말에 더욱 화가 났다.

"잠깐, 놀았다고? 시간 좀 봐, 시간을! 두 시간이 넘었어. 언제 이런 습관을 고칠래?"

샤오저우의 모습에 엄마가 화가 난 것도 이해는 간다. 아이들은 누구나 샤오저우처럼 언제나 쉽게 다른 일에 주의를 빼앗긴다. 원래 무엇을 하고 있었든지 간에 눈앞에 보이는 장난감, 용품, 또는 밖에서 들리는 개 짖는 소리, 차량 경적 소리, 심지어 머리에 떠오르는 밑도 끝도 없는 생각들 모두 아이들의 집중력을 흩트려 놓으면서 일의 효율을 크게 떨어뜨린다.

주의력이 산만하고 꾸물대는 아이라면, 아이의 '자아통제력'을 강화하여 외부 사물에 의한 간섭을 줄일 수 있도록 도와야 한다. 근본적인 문제를 해결함으로써 아이가 집중력과 함께 일의 속도를 높일 수 있도록 해야 한다.

가능한 아이에게
조용하고 깨끗한 환경을 제공한다

•

아이들은 온갖 물건에 정신을 빼앗기거나, 여러 가지 소리에 대해서도 호기심을 갖기 쉽다. 아이의 주의력을 높이기 위해 엄마는 먼저 주위 환경부터 신경 써야 한다.

아이에게 조용한 환경을 제공해야 한다. 이를 테면, 대로 쪽으로 난 방을 아이 침실로 주어 각종 소리에 대한 자극을 주는 일이 없도록 한다. 아이들이 공부나 다른 일을 할 때에도 되도록 다른 소리를 내지 않도록 한다. 최대한 TV를 보거나 음악 소리도 나지 않도록 하여 소리 때문에 '정신 팔리는 일'이 생기지 않도록 해야 한다.

이밖에 깨끗한 환경을 제공하는 데도 신경을 쓴다. 아이의 책상에 지나치게 많은 완구를 두지 않도록 하고, 벽에도 만화나 포스터 같은 그림을 붙이지 않는다. 아이의 방에 두는 장난감 수량도 제한을 두어 약간의 장식적 효과만 나도록 한다. 방 한가득 아이의 흥미를 끌만한 물건을 두지 않도록 하며 아이의 연령이 높아짐에 따라 절적하게 장난감 수를 줄이는 대신, 책이나 다른 학습 관련 도구를 늘리도록 한다.

아이의 연령에 따라 합리적으로 시간을 이용할 수 있도록 돕는다

•

심리학 연구에 따르면, 아이들이 주의력을 집중하는 시간도 연령이 높아지면서 늘어난다고 한다. 일반적으로 2~3세 때는 10~12분, 5~6세는 12~15분, 7~10세는 20분, 10~12세는 25분, 12세가 되면 30분 이상 집중할 수 있다.

이런 결과를 감안하면 아이가 집중하지 못한다고 마냥 비난해서는 안 된다. 이미 집중력의 한계시간을 초과했기 때문이다. 이러한 수치에 근거해 구체적인 상황을 분석하여 아이가 집중할 수 있는 시간 안에 합리적으로 시간을 이용할 수 있도록 돕는다.

예를 들면 훈련을 통해 일에 대한 아이의 흥미를 향상시킬 수 있다. 조금 어려운 일이라면, 일정한 시간 내에 '단숨에 일을 끝마칠 수 있도록' 한다. 그보다 좀 더 힘들다면, 몇 가지 작은 임무로 나누어 아이가 계속 이어서 성공을 체험하고 마지막까지 일을 모두 처리할 수 있도록 한다.

적절하게 아이에게 게시를 한다

•

주의력이 분산되면 아이는 일의 속도가 떨어진다. 마음이 초조해도 언제나 야단만 칠 수 없다. 이럴 경우 방법을 바꿔 아이에게 게시를 해줌으로써 주의력을 다시 집중시켜야 한다.

예를 들어 우리는 눈에 띄는 작은 게시판을 만들어 '숙제 시간에 집중하기' '세수할 때는 세수만' '신속하게 기상!' 등을 적을 수 있다. 이런 게시판은 제때 아이들이 해야 될 일을 할 수 있도록 일깨워줄 수 있다.

그러나 한편으로 이런 게시판 수량이 지나치게 많아서도 안 된다. 그럴 경우 아이들은 생활에 자유가 없다고 느끼기 때문이다. 게시판 테두리 역시 지나치게 화려해서는 안 된다. 특히 아이들이 좋아하는 일부 애니메이션 캐릭터 등을 사용해서는 안 되며, 많은 자리를 차지하게 해서도 안 된다. 그럴 경우 주의력이 게시판에 적힌 글에서 캐릭터로 옮겨가며 게시 말의 효용성이 사라진다.

상상을 통해 일의 목표를 찾도록 아이를 돕는다

주의력을 집중하지 못하는 이유가 상상하기를 좋아하기 때문인 아이도 있다. 예를 들어 공부할 시간에 자신이 좋아하는 컴퓨터 게임을 하면서 스스로 그 장면 한가운데 있다고 상상한다. 아이는 머릿속으로 영화의 장면을 그리는데, '줄거리'도 매우 '흥미진진' 우여곡절이 많다.

자오루는 '상상 속을 헤매는' 습관이 있다. 반쯤 공부를 하고 나면 주의력이 멀리 달아나버린다. 어느 날, 엄마는 우연히 공부를 하던 자오루가 멍하니 창밖을 바라보는 모습을 발견하고는 화가 났다. 그러나 전에 야단을 쳤는데도 별 효과가 없었던 일을 생각하며 방법을 바꿔보기로 했다.

자오루 방으로 들어간 엄마가 살며시 자오루의 어깨를 두드리자 아이가 깜짝 놀랐다. 엄마가 웃으며 물었다.

"무슨 생각해?"

"아냐, 별 생각 안 했어."

자우루가 우물거리자 엄마가 말했다.

"괜찮아. 말해 봐. 엄마도 좀 쉬어야겠다."

자오루가 잠시 후 입을 열었다.

"어제 본 만화영화. 거기 나왔던 무사들이 정말 무시무시했거든. 나도 나중에 무사가 될 거야."

엄마가 물었다.

"왜?"

"무사는 용감하니까. 백성들을 도와서 나쁜 사람을 물리치거든. 모두 영웅들이야."

자오루는 무사가 부러운 표정이었다.

엄마가 웃으며 물었다.

"그래, 무사는 정말 그런 정신을 가지고 있어. 그런데 어떻게 무사들이 그런 능력을 갖게 되었는지는 알아?"

자오루가 잠시 생각해보더니 말했다.

"부지런히 공부하고 연마했을 거야."

"그래!"

엄마가 말을 이었다.

"무사들의 무예는 부지런히 익히고 연습해서 얻어진 거야. 너도 지금 열심히 배우면 앞으로 지식을 통해 다른 사람들을 도울 수 있어. 영웅이란 무예만 출중한 사람이 아니야. 지식 역시 강력한 무기가 될 수 있어."

자오루가 엄마 말에 고개를 끄덕였다. 엄마는 그 기회를 놓치지 않고 물었다.

"그럼, 지금 뭘 해야 되는지 알겠지?"

자오루가 힘껏 고개를 끄덕였다.

"열심히 공부해야 돼!"

이렇게 말한 후 자오루는 다시 책을 펴고 열심히 읽기 시작했다.

아이의 머릿속에는 온갖 세계가 담겨 있어, 갖가지 상상을 즐긴다. 우리는 자오루의 엄마처럼 상상을 좋아하는 아이의 특징을 이용해 아이들이 장면을 만들고 그 안에 빠져들도록 도와야 한다. 이어 다시 아이가 해야 하는 일로 주의력이 모아지도록 적절하게 이끈다. 아이에게 목표가 생기면 더는 꾸물대지 않을 것이다.

꾸물대는 아이
•
속 터지는 엄마

기분이 안 좋아요!

• 신날 때는 재빠른 아이, 기분이 안 좋을 때는 느림보 아이 •

기분 또한 아이의 행동 속도를 결정할 수 있는 요인이다. 기분이 좋을 때는 온몸에 기운이 넘쳐 무슨 일을 하든지 행동이 빠르고 일의 성과도 뛰어나다. 그러나 기분이 좋지 않을 때는 모든 것이 눈에 거슬린다. 아이들은 마치 모든 사람들이 자신에게 적대적인 것처럼 느끼면서 기분이 쳐지고 속도와 효율도 떨어진다.

무무는 매우 민첩한 아이이다. 무슨 일을 해도 완벽하며 속도도 빠르다. 그러나 그날은 왠지 평소 같지 않은 모습이었다. 엄마는 무무가 한참 동안 책상 앞에 앉아있으면서도 숙제를 단 한 글자도 쓰지 못하는 것을 발견했다. 궁금해진 엄마가 다가가 물었다.

"왜 숙제 안 해? 숙제가 어려워?"

"쓰고 싶지 않아요."

무무가 뾰로통해서 대답했다.

"오늘 기분이 안 좋아요."

엄마는 무무의 말을 들은 후 생각했다.

"응? 그래, 오늘은 엄마도 기분이 안 좋네. 그럼 이렇게 하자. 우리 우선 아무 것도 하지 말고 서로 왜 기분이 나쁜지 이야기해보자."

이렇게 말하며 엄마가 무무를 책상에서 끌어내렸다. 두 사람은 소파에 가서 서로 하소연하기 시작했다.

알고 보니 무무는 오늘 친구와 싸워서 기분이 좋지 않았다. 엄마 역시 공교롭게도 동료와 의견 차이 때문에 충돌이 있었다. 엄마가 말했다.

"정말 누가 모자 아니랄까 봐. 우리 둘이 화난 이유도 똑같구나!"

무무는 엄마 말에 단번에 기분이 좋아졌다. 엄마가 이어서 말했다.

"'인생은 다섯 가지 맛의 병'이라는 말이 있어. 모든 맛이 다 들어있다는 이야기지. 우리 자신이 그걸 조절할 줄 알아야 해. 엄마가 화났다고 밥을 안 하면 가족 모두 배를 곯겠지? 싸움은 별 것 아냐. 우리 자신에게서 이유를 찾아야지. 그래서 다음 날 분명하게 상황을 이야기할 수 있으면 그걸로 괜찮아."

무무가 엄마의 말을 듣고 계속 고개를 끄덕였다.

엄마가 웃으며 물었다.

"어때? 아직도 답답해? 이제 숙제 하고 싶어?"

무무는 웃으며 자리에서 일어나 책상 쪽으로 가더니 열심히 숙제를 하기 시작했다.

아이는 아직 심지가 굳지 않기 때문에 기분의 영향을 많이 받는다. 무무처럼 그저 친구와 작은 다툼이 있었다는 이유만으로, 숙제도 하고 싶지 않은 마음이 들 수 있다. 무무 엄마가 이에 대처하는 태도는 매우 바람직하다. 엄마는 무무의 기분을 인정하면서 불쾌함을 털어낼 수 있도록 도왔다. 이렇듯 적절한 엄마의 지도로 무무는 마음의 응어리를 풀 수 있었다. 마음이 가라앉자 일에 대한 효율성도 함께 높아졌다.

아이들은 대부분 기분이 잘 변하기 때문에 이처럼 '기분이 좋을 때 행동이 빨라지고, 그렇지 않을 때는 느림보가 되는 상황'이 매우 일반적이다. 이런 모습 때문에 화를 낼 필요도 없고, 더욱이 폭력적으로 아이를 대해서도 안 된다. 그보다 엄마는 아이가 이런 습관을 극복할 수 있도록 방법을 강구해야 한다.

아이가 심리적인 문제를 해결할 수 있도록 돕는다

•

나이가 어린 아이들은 어떤 일에 대한 감정이 단 두 가지로, 즐겁거나 화가 나는 것이다. 조금 큰 아이라 해도 상황을 처리하는 방식이 자신을 기준으로 하기 때문에 문제를 보는 각도가 매우 편협하다. 때문에 아이들에게는 심리적인 문제가 발생하기 쉽다. 그런데 일단 이런 부정적인 기분이 들면 상황을 잘 처리하기가 쉽지 않다.

아이의 개성과 나이, 아이에게 일어난 실제상황에 따라 되도록 빨리 아이가 심리적 문제를 벗어날 수 있도록 도와야 한다. 이때 엄마는 아이와 되도록 많은 소통을 통해 가능한 최대로 아이의 우울한 이유를 이해하고, 문제의 본질을 겨냥해 합리적으로 의견을 내놓아야 한다.

물론 엄마 자신의 태도에 대해서도 주의를 기울여야 한다. 지나치게 엄숙하거나 큰 개념을 설명하지 않도록 한다. 아이가 알아들을 수 있는 말, 이해할 수 있는 방식을 사용해야 한다.

아이의 심리적인 문제가 엄마인 내게 있다면, 자신을 잘 돌아보고 제때 반성하여 스스로 변화시킬 방법을 찾도록 노력해야 한다.

아이가 즐거운 마음을 유지할 수 있는 법을 배울 수 있게 돕는다

•

언제나 우울한 아이는 당연히 즐겁지 않을 것이다. 이런 아이는 항상 부정적인 마음으로 대부분의 시간을 반항적으로 보내며, 자연히 일에 대한 성과도 높지 않다.

작가 찰스 디킨스Dickens는 "하나의 건전한 심리상태는 백 개의 지능보다 힘이 있다."고 한 바 있다. 아이들에게 즐거운 마음을 유지하는 방법을 가르쳐줌으로써 아이가 자발적으로 즐거운 기분을 느끼도록 해주어야 한다.

먼저, 집 분위기를 경쾌하고 유쾌하게 만든다. 아이를 위해 여러 가지 책을 마련해 책에서 더 많은 지혜를 찾도록 격려해준다. 또한 아이의 느낌을 고려해 제때 아이가 마음의 '쓰레기'를 걷어낼 수 있도록 해야 한다.

이와 더불어 아이가 흥미를 느끼는 게임을 통해 일에 대한 적극성과 긍정적 기분을 유도하는 것도 중요하다. 즐거운 아이는 더는 꾸물거리지 않을 것이다.

꾸물대는 아이

•

속 터지는 엄마

갈까, 말까?

• 우유부단한 아이 = 느림보 아이? •

우유부단하다는 것은 머뭇거리며 결정을 쉽게 내리지 못한다는 의미다. 우리는 우유부단한 사람은 끊임없이 생각하고 끊임없이 비교하다, 결국 행동도 느려진다는 것을 알고 있다.

항상 우유부단한 모습을 보이는 아이들이 있다. 어딜 가자고 하면 한참을 생각하다가 결국 이렇게 말할 것이다.

"갈까, 말까?"

이런 아이는 끊임없이 별 의미도 없는 생각에 많은 시간을 낭비하고, 무슨 일을 해도 자연히 늑장을 부리기 마련이다.

노동의 날, 온가족이 어렵게 3일간 휴가를 냈다. 휴가 첫날, 엄마가 쓰쓰에게 물었다.

"어디 놀러가고 싶어?"

쓰쓰가 잠시 생각하더니 말했다.

"식물원 가요."

엄마가 막 고개를 끄덕이려는 순간, 쓰쓰가 다시 말했다.

"어……, 자연박물관도 괜찮은 것 같아요."

엄마가 물었다.

"둘 중 어딜 더 가고 싶은 거야?"

쓰쓰가 인상을 찌푸렸다.

"식물원에 식물들이 새로 많이 들어왔대요. 거기 가면 배울 것이 많을 것 같고, 자연박물관은 옛날부터 가고 싶었는데 기회가 없었고……. 사실 놀이동산에도 한 번 가보고 싶긴 하지만."

엄마가 웃으며 고개를 저었다.

"이거 하고 싶다고 했다가 금방 또 저거 하고 싶다고 결정을 쉽게 내리지 못하면 어떻게 해?"

엄마 말에 조급해진 쓰쓰는 더욱 결정을 내릴 수 없었다. 그렇게 휴가 첫날 오전은 끊임없는 쓰쓰의 갈등 속에 그냥 지나가버렸다.

아이가 경솔하게 행동하는 것을 장려하지도 않지만, 지나치게 앞뒤를 재는 모습도 원하지 않는다. 언제나 이것저것 비교만 하고 있을 수는 없기 때문이다. 과감한 결정이야말로 아이가 신속하게 행동할 수 있는 조건이며, 우유부단한 결정은 아이를 늘어지게 만들 것이다.

또한 그렇게 시간이 흐르면 아이는 우유부단한 성격이 형성된다. 따라서 아이가 제때 나쁜 습관을 고칠 수 있도록 도와야 한다.

아이에게 '선택사항'을 비교하는 방법을 가르친다

아이들은 왜 망설일까? 정확하게 선택사항을 비교하고 가늠할 수 없기 때문이다. 무엇이 더 중요한지도, 무엇이 지금 이 순간 가장 필요한 것인지도 모르기 때문이다. 아이의 우유부단한 습관을 고치려면 먼저 아이가 해야 하는 일을 비교하여 선택하는 법을 알 수 있도록 도와야 한다.

문제에 부딪혔을 때 아이는 나름의 분석을 할 수 있어야 한다. 엄마는 아이가 어떤 일을 해야 하고, 어떤 일은 천천히 해도 되는지 분석할 수 있도록 지도해야 한다. 그 후, 일의 순서를 정하고 가장 중요한 일부터 시작하는 법도 가르쳐야 한다.

아이들은 물론이고, 요즘은 어른들도 여러 가지 일들을 앞에 두고 쉽사리 결정을 내리지 못하는 사람들이 많다. 초조해하지 말고 점차로 선택하는 습관을 갖도록 지도하자. 아이의 판단력이 좋아지면 절로 선택에 필요한 시간도 단축될 것이다.

우유부단한 행동의 근본적인 원인을 찾자

아이가 우유부단하게 행동하는 데는 여러 가지 이유가 있다. 예를 들면 앞에 등장한 쓰쓰는 왜 가고 싶은 곳을 결정하지 못하고, 자신이 결정한 곳에 실망할까 걱정하는 것일까. 이런 문제에 대해 엄마는 깊이 질문을 던지고 들어가야 아이가 마음속에서부터 무엇을 걱정하고 있는지를 파악할 수 있다.

이유를 깊이 파고들어 분석을 하긴 해야 하지만, 언제나 직접적인 질문은 던지지 않도록 주의해야 한다. 그럴 경우, 아이가 자존심이 상해 반감 때문에 자신의 마음을 털어놓지 않을 수도 있기 때문이다. 우리가 마음속 깊이 아이를 생각하고 있다는 것을 깨닫게 한 후, 동등한 입장에서 부드럽고 간결한 표현방식으로 소통해야 아이가 우유부단하게 행동하는 진짜 이유를 찾을 수 있다.

아이가 정해진 시간에 결정을 내릴 수 있도록 격려한다

•

계속해서 쓰쓰의 이야기를 이어가보자. 쓰쓰의 엄마는 어떻게 이 문제를 해결했을까?

점심시간, 쓰쓰는 여전히 어디로 놀러가야 좋을지 결정을 내리지 못했다. 엄마가 시계를 보고 쓰쓰에게 말했다.

"이렇게 하자. 네게 3분 줄게. 다시 잘 생각하고 답해줄래? 만약 그때까지 대답 못하면 오늘은 외출 안 하는 거다."

엄마 말에 쓰쓰는 가슴이 쿵쾅대기 시작했지만, 엄마는 이미 휴대전화를 꺼내 시간을 재고 있었다. 하는 수없이 쓰쓰는 계속 열심히 생각했다.

거의 3분이 다 돼 갈 무렵, 엄마가 말했다.

"…… 6, 5, 4, 3, 2, 1! 끝! 쓰쓰, 어디 가고 싶어?"

쓰쓰가 재빨리 말했다.

"식물원!"

엄마가 웃었다.

"봐! 결정할 수 있지? 왜 그렇게 오래 기다리게 했어? 앞으로 우물쭈물하는 습관 없애야 돼, 알았지?"

쓰쓰의 엄마는 시간을 정해놓고 선택을 하도록 하는 방법을 택했다. 한정된 시간으로 '압박'을 가하자 쓰쓰는 결정을 내릴 수밖에 없었다. 그러나 시간이 다 되어서도 결정을 내리지 못하는 아이도 있다. 그럴 때에도 우리는 쓰쓰 엄마의 방법을 따라 일정을 취소하고, 아이에게 그 책임을 지도록 할 수 있다. 이 역시 아이를 일깨우는 한 방법이다.

꾸물대는 아이

•

속 터지는 엄마

하고 싶지 않으면 빨리 안 할 거야

• 엄마의 재촉에 반항하는 느림보 아이 •

엄마들이 어물쩍대는 아이를 가장 골치 아프게 생각하는 것은 아이가 빨리 행동하지 않기 때문이 아니라, 근본적으로 빨리 행동하려고 하지 않기 때문이다. 아이가 '제멋대로' 자신의 생각과 행동을 제어하는 것은 솔직하게 말하면, 엄마에게 반항하는 것이다. 엄마가 아이 할 거야."이다.

샤오동은 원래 숙제를 빨리 할 수 있다. 다만, 숙제가 끝난 후 엄마가 대개 서예 연습을 시키거나 영어단어를 외우라고 하기 때문에 짜증이 날 뿐이었다. 그래서 아이는 숙제하는 시간을 질질 끌기 시작했다. 그렇게 시간을 미루다 보면 잠잘 시간이 됐고 자연히 서예연습을 할 필요도, 짜증나는 영어단어도 외울 필요가 없었기 때문이다. 엄마는 이런 아이의 생각을 알아챘지만, 샤오동을 나무라지 않았고 심지어 이 일을 입에 올리지도 않았다.

어느 날 수업이 끝난 후, 샤오동은 언제나처럼 느긋하게 숙제를 시작했다. 엄마는 아이가 물을 마시러 나왔을 때 이렇게 한 마디를 던졌다.

"숙제는 다 했어?"

샤오동은 일부러 고개를 저으며 대답했다.

"그렇게 빨리 어떻게 해?"

엄마가 고개를 끄덕였다.

"그러고 보니 요즘 숙제가 어렵나보네."

샤오동이 어쩔 수없이 다음 말을 덧붙였다.

"응, 선생님도 정말!"

엄마가 물었다.

"엄마가 도와줄까? 네가 못하는 부분은 엄마에게 물어봐!"

"어……."

샤오동은 재빨리 이렇게 대답했다.

"괜찮아, 엄마. 안심해. 내가 알아서 할 수 있어."

엄마가 웃으며 고개를 끄덕였다.

"음! 믿을게."

샤오동은 대충 위기를 넘겼다고 생각하고 방으로 돌아와 여전히 늘어져서 숙제를 했다. 나중에 다시 간식거리를 찾으러 밖으로 나왔을 때 엄마가 다시 물었다.

"어때? 어려운 문제는 다 풀었어?"

샤오동은 조금 전처럼 엄마가 계속 추궁하는 말을 듣고 싶지 않았기 때문에 재빨리 고개를 저었다.

"끝났어, 끝났어! 휴, 요즘 선생님이 내주는 숙제가 정말 어려워!"

엄마가 칭찬했다.

"정말 잘했네. 엄마는 네가 다 해낼 줄 알았어. 끝났으면 와서 이 털실 좀 감게 도와줘."

샤오동은 순간 당황했지만, 실은 숙제를 다 안했다고 말하기도 미안해 그대로 엄마 곁에 앉았다.

결국 샤오동은 그날 숙제를 다 하지 못했고, 다음 날 선생님께 야단을 맞았다. 그 후로 아이는 더는 늑장부리며 숙제를 하는 것으로 엄마에게 '대적'하지 않았다.

샤오동은 자신이 엄마를 속일 수 있을 거라고 생각한 나머지, 제대로 대책을 세우지 못한 채 엄마의 '밀당' 작전에 휘말려 들었다. 지혜로운 샤오동의 엄마는 나무라고 꾸짖는 대신 가볍게 문제를 해결했다.

아이가 꾸물거리며 시간을 연장하는 방식으로 어른들에게 대적해도 이 때문에 노발대발 화를 낼 필요는 없다. 또한 강경한 태도로 아이를 대할 필요도 없다. 이런 생각을 가진 아이들은 종종 반항심이 내재되어 있는 경우가 있기 때문에 거칠게 대하면 오히려 역효과가 날 수 있다. 따라서 아이가 꾸물대는 습성이 위와 같은 이유에서라면 지혜롭게 계책을 마련해 대응해야 한다.

재촉하는 엄마에게
늑장을 부리며 대항하는 아이

•

누군들 즐겁게 지내고 싶지 않을까. 당연히 아이들 역시 자유롭고 홀가분하게 지내고 싶을 것이다. 그런데 결과가 안 좋다는 것을 알면서도 아이들이 이런 식으로 우리에게 대적하는 이유는 무엇일까?

엄마는 아이와 소통을 할 수 있다. 온화한 마음으로 일에 대해 아이와 이야기를 나누고 아이의 고민을 들어보자. 그럴 때는 아이의 마음을 다치게 하거나, 비난하지 말아야 한다.

엄마는 아이가 마음속 생각과 느낌을 말할 수 있도록 유도해야 한다. 우리가 원인이라면, 다시 엄마 스스로의 교육방법과 태도를 돌아봐야 하고, 아이가 원인이라면 아이가 마음의 응어리를 없애고 흥분을 가라앉힐 수 있도록 도와야 한다.

물론 아이가 정말 아무 까닭도 없이 문제를 일으킨다면, 이런 태도는 부모를 존중하지 않는 행위이기 때문에 즉시 중지해야 한다고 가르쳐야 한다.

아이의 기분과 뜻을 존중한다

•

대부분 엄마들은 개인적인 희망에서, 아이가 행동해야 하는 것과 행동해서는 안 되는 것들을 알려준다. 엄마의 상황에서 문제를 파악하면서 언제나 이 모든 것이 아이를 위한 일이라고 생각하지만, 사실 아이는 스스로의 생각을 가지고 있다. 어떤 일에나 아이 역시 자신의 의견이 있으며, 엄마들의 결정이라 해서 반드시 정확한 것도 아니다.

어쨌거나 아이를 위한 일이라면 아이에게도 말할 권리를 주고 아이의 느낌과 뜻을 들어볼 필요가 있다. 적절하게 아이에게 자유를 주어 스스로 시간을 배정하도록 하는 것도 좋다. 우리는 아이를 신뢰해야 하고, 아이 역시 해야 할 일을 해낼 수 있다고 믿어야 한다.

더 큰 목표를 위해 아이를 풀어주라

이는 『손자병법』 36계 중 16번 째 전략인 '욕금고종欲擒故縱'과 같은 의미다. 상대를 잡기 위해 일부러 그를 풀어주어, 경계를 풀고 자신을 노출하도록 함으로써 결국 다시 적을 잡아들이는 전략이다.

조금 자란 아이들이 일부러 머뭇거리는 것은 자신의 목적을 달성하기 위한 모종의 '작전'이다. 이럴 때면 엄마 또한 동일한 방법을 사용할 수 있다. 샤오동의 엄마처럼 말이다.

이런 방법을 사용할 때 주의할 점은 조급함을 버려야 한다는 것이다. 그렇지 않을 경우 엄마에게 대적하려는 아이의 마음이 더욱 강해지기 때문이다. 우리는 아이가 머뭇거리는 이유를 알아야 한다. 만약 예전에 머뭇거리지 않던 아이가 갑자기 이런 행동을 할 경우 잘 생각해보고 많은 질문을 던짐으로써 아이에게 무슨 문제가 생겼는지, 우리가 소홀했던 부분은 없는지 살펴본다.

엄마들은 아이에게 '빨리, 빨리'를 외치며

그 순간 모든 일을 다 잘 처리하라고 재촉한다.

그러나 엄마의 재촉은 어느 새 아이의 행동 리듬을 교란시키고,

이 때문에 아이는 주의력이 산만해진다.

꾸물대는 습관도 전혀 개선되지 않고

오히려 더 느림보가 되어버린다.

이럴 때는 곰곰이 우리의 행동을 돌이켜 생각해봐야 한다.

Chapter 2

빨리 빨리, 빨리 좀 움직이란 말이야!

: 독촉하는 엄마가 아이를 느림보로 만든다

꾸물대는 아이

•

속 터지는 엄마

빨리 좀 깨끗하게 정리해!

• '빨리'라고 말 할수록 아이는 빨리 할 수가 없어요 •

토요일에 샤오천은 친구들을 집으로 초대해 놀았다. 다정한 샤오천은 자기 장난감과 간식, 만화책을 꺼내 늘어놓았다. 아이들은 샤오천의 방에서 웃고 떠들며 신나게 놀았다. 오후가 되자 한껏 신나게 놀던 친구들이 샤오천의 집을 떠났지만, 샤오천은 아직도 놀던 흥분이 가라앉지 않은 상태였다.

샤오천의 방에 들어온 엄마가 눈살을 찌푸렸다. 샤오천과 친구들이 물건을 엉망으로 흩트려놓고 놀았기 때문에 방은 발 디딜 틈도 없는 상태였던 것이다. 특히 샤오천의 침대 위는 마치 잡화점을 연상케 할 정도로 물건이 가득 널려 있었다.

엄마가 말했다.

"빨리, 방 깨끗하게 정리해!"

샤오천이 엄마에게 대답하고 움직이기 시작했다. 만화책, 장난감을 책꽂이와 장난감 상자에 넣고 간식 봉투와 먹다 만 케이크, 사과를 비롯한 각종 과일 씨를 싸잡아 쓰레기봉투에 넣었다. 심지어 먹다 만 음료수조차 한꺼번에 쓰레기봉투에 밀어 넣었다. 책상 위에는 과자 가루들이 마구 널려 있었다.

샤오천의 모습을 지켜보던 엄마는 더욱 인상이 험악해졌다.

"그게 정리하는 거야? 어떻게 된 게 점점 더 엉망이 돼? 정리 좀 잘 해 봐!"

샤오천이 혀를 쑥 내밀더니 다시 정리를 했다. 그러나 점차 샤오천의 동작이 느려지자 엄마는 다시 기분이 나빠졌다.

"좀 빨리 할 수 없니?"

이번에는 샤오천이 인상을 썼다.

"엄마, 정리하라고 했다가 또 빨리 움직이라고 했다가……. 나더러 대체 어떻게 하라고 그래?"

일상에서 우리는 샤오천의 집과 같은 상황에 부딪칠 수 있다. 아이의 침대 위에 이불이며 옷, 책, 장난감이 쌓여 있으면 정말 화가 난다. 그럴 때면 샤오천의 엄마처럼 아이를 꾸짖는다.

"왜 이렇게 침대를 엉망으로 해놨어? 빨리 깨끗하게 정리 못 하니?"

하지만 '빨리 깨끗하게 정리'하란 말이 얼마나 모순인지 생각해본 적이 있는가?

아이들의 입장에서 보면 빨리 하려면 동작을 빠르게 해야 한다. 그러나 아이들은 신체조화능력이 어른만큼 뛰어나지 않기 때문에 빨리 움직일 때는 뭔가 자꾸만 빼놓게 된다. 깨끗하게 하려면 이곳저곳을 자세히 꼼꼼하게 살펴야 한다. 이는 시간이 드는 일이다. 그런데 어떻게 빨리 하란 말인가?

엄마가 재촉할수록, 빨리 깨끗하게 정리하라고 할수록, 아이는 더욱 허둥대는 상황이 발생할 수 있다. 결국 나중에는 깨끗하게 정리된 것이 아무것도 없다. 계속해서 느릿느릿 행동하는 아이의 모습에 엄마들은 불만이 가득하다. 아이가 깨끗하게 정리를 못해도 엄마들은 야단을 친다. 이러지도 저러지도 못하는 상황에 처한 아이는 짜증이 나고 억울할 것이며, 엄마들의 기분도 마찬가지로 울적해진다.

아이에게 차분히, 하나씩 실천을 하도록 한다

'빨리 좀 해!' '대충 하지 말고!' '좀 빨리 움직일 수 없니?' '깨끗하게 정리해!' 등 엄마들은 이러한 명령을 한꺼번에 쏟아놓는다. 이런 식으로 요구를 하면 아이는 당연히 정신을 차릴 수가 없다. 대체 그 가운데서 뭘 하란 말이지? 단 한 마디, 하나만 요구했다면 아이는 그렇게까지 어렵게 느끼지 않을 것이며, 힘들어하지도 않을 것이다.

엄마들은 아이가 단계적으로 하나씩 목표를 실천에 옮기도록 유도해야 한다. 다시 말해, '빨리 깨끗하게 정리해'라는 말을 하지 말아야 한다는 것이다. 일이 생기면 우리는 먼저 생각을 정리하는 법을 배워야 한다. 아이의 침대가 어지럽혀 있을 경우를 예로 들어보자. 우리는 아이에게 단번에, 마치 어른처럼 신속하고 깔끔하게 정리하라고 요구하면 안 된다. 그보다는, 먼저 아이에게 침대 위 물건을 유형별로 분류하라고 한다. 이불, 옷, 책, 장난감 등을 분리해 원래 자리에 돌려놓도록 한다. 이렇게 몇 번 연습을 통해 정리에 익숙해진 아이는 행동을 빨리 취할 수게 된다.

아이에게 단련할 기회를 준다

•

앞에서 항목을 분리해 명령하는 법을 배웠다면, 그 다음으로 아이를 단련하는 과정이 필요하다. 평소 아이가 방을 어지럽혔을 때 그 기회를 이용해 아이를 단련하도록 하자. 그 과정에서 아이는 물품을 정리하고, 이를 제자리에 돌려놓고, 순서대로 정리하는 능력을 키울 수 있다. 또는 아이에게 이런 환경을 만들어줄 수도 있는데, 예를 들어 아이와 시간제한을 두고 정리 놀이를 하는 것이다. 먼저 아이의 책상이나 침대를 일부러 어지럽히고, 원래 모습대로 되돌리는데 시간이 얼마나 걸리는지 재도록 한다. 일상에서 이런 연습을 할 기회는 많다. 아이는 이런 과정을 통해 자기도 모르는 사이에 능력을 키울 수 있다. 능력이 생기면서 이런 작업에 익숙해지면 자연히 속도가 붙을 것이다.

아이의 발전을 적절한 타이밍에 칭찬한다

•

어떤 엄마들은 이렇게 생각한다. 책상이나 침대 정리 같은 소소한 일조차 재촉을 해도 못하는데, 칭찬을 하면 아이들이 기고만장해질 거라고 말이다. 그러나 사실 그렇지 않다. 아이들은 모두 어른들로부터 칭찬을 받고 싫어 한다. 더욱이 빨리 정리를 잘 한다고 칭찬을 하면, 두 번째로 그 일을 할 때는 전보다 훨씬 더 정리를 잘하게 된다.

따라서 우리는 작전을 바꿔야 할 필요가 있다. 그저 끊임없이 아이를 재촉하지 말고, 아이가 한 가지 일을 끝냈을 때 "정말 빨리 하네. 잘했어!" 또는 "와! 이렇게 깨끗하게 정리를 했어? 정말 칭찬을 안 할 수가 없네."라고 말해야 한다. 이런 말을 들으면 아이는 기쁜 마음에 그 후로 더욱 열심히 실천하려고 노력하며, 덩달아 엄마 역시 자연스럽게 화를 내는 횟수가 줄어든다. 물론 칭찬을 할 때는 현실적이어야 하겠다. 아이를 격려하기 위해 거짓으로 과장을 해서는 안 된다.

꾸물대는 아이

•

속 터지는 엄마

빨리, 빨리 하라고!

• 아이의 독립성을 방해하는 엄마의 '빨리' •

일반적으로 우리는 아침 기상시간이나 외출을 할 때 아이에게 자꾸만 '빨리 해'라는 말을 한다. 많은 엄마들이 이럴 때가 '가장 바쁘고, 정신없을 때'라고 느낀다. 아침에 일어나거나 외출하기 직전에는 대체로 시간은 한정되어 있는데 반해 할 일은 많기 때문이다. 일어나 옷 입고, 양치질하고, 세수하고, 침대 정리하고……. 이런 일들을 모두 짧은 시간 내에 끝내야 한다. 그렇지 못할 경우 늦기 십상이다. 옷을 정리하고 가져갈 물건을 챙기고 신발을 신는 등 외출 전에 되도록 이런 일들을 모두 마무리해야 한다. 그렇지 못하면 등교나 이후 해야 할 일에 영향을 미치기 때문이다.

이런 상황이 되면 엄마는 언제나 자기도 모르게 아이들을 재촉한다.

"빨리 빨리 좀 못 하니?"

엄마들은 언제나 아이의 동작이 느리고, 그 때문에 해야 할 일을 잘 끝내지 못할까 걱정한다. 그리고 이런 식의 재촉이 일종의 안내판 역할을 함으로써 아이가 '영원'히 뭔가를 잊어버리는 일이 없게 일종의 안내자 역할을 할 수 있을 것이라고 믿는다.

학교에서 봄 소풍을 갔다. 소풍 전 날, 하교할 때 선생님이 아이들에게 이렇게 말했다.

"내일 아침 모두 일찍 일어나도록! 7시에 학교 정문에 집합합시다."

아이들은 봄 소풍이라는 말에 흥분해서 밤이 깊도록 잠에 들지 못했다.

그 결과, 다음 날 아침이 되자 아이들은 일어나기가 너무 힘들었다. 엄마는 새벽 5시 30분부터 깨우기 시작했지만, 아이는 6시가 되어서야 가까스로 침대에서 몸을 일으킬 수 있었다. 엄마가 계속해서 아이를 재촉했다.

"빨리 옷 갈아입어!"

"치약 짜 놓았으니 어서 가서 세수해고 양치해!"

"식탁 위에 케이크 있으니까 어서 가서 좀 먹어."

"물통에 물은 담았니? 안 했다고? 어서 물 담아!"

"저거 좀 봐라! 벌써 6시 15분이야!"

"어휴, 신발 끈도 안 매고!"

"좀 빨리 할 수 없니? 이러다 정말 늦겠다!"

⋮

엄마가 쉴 새 없이 그렇게 떠든 덕에 다행히 아이는 집합 시간에 맞춰 학교 정문에 도착할 수 있었다. 학교 전세버스에 앉아 통통은 친구들과 허풍을 떨기 시작했다.

"오늘 6시에야 일어났는데 봐봐, 6시 35분인데 도착했어, 빠르지? 우리 엄마가 뭐든지 해주니까 할 일이 없어. 하지만 엄마는 잔소리가 너무 심해. 엄마가 그렇게 재촉을 안 하면 지금보다 더 빨리 할 텐데."

엄마가 재촉하면 아이는 '일을 덜었다'고 생각한다. 더는 자신이 스스로 생각을 하지 않아도 되기 때문이다. 엄마의 재촉은 아이가 직접 결정할 권리를 앗아간다. 아이는 마치 작은 마리오네트 인형이며, 엄마가 '재촉'이란 줄을 가지고 아이들을 조정하는 것 같다. 엄마가 그 줄을 놓으면, 아이는 영원히 직접 움직일 수가 없으니 자연히 꾸물거릴 수밖에 없다.

아이가 의존하게 하지 말아야 한다

엄마들은 아이에게 재촉을 하면서, 아이가 할 일을 잊지 않도록 일깨워주는 것이라고 생각한다. 그렇지만 사실 이는 아이에게 뭘 해야 하고, 뭘 해서는 안 되는지를 알려주는 것뿐이다. 이는 아이를 의존적인 성향의 존재로 만든다. 아이는, '어차피 엄마가 뭐든지 나대신 해줄 텐데 뭐. 내가 꾸물거려도 엄마가 다 알아서 해줄 거야.'라고 생각하게 한다. 통통처럼 엄마가 다 알아서 빈틈없이 해주니, 자신이 해야 될 일이 줄어 홀가분해졌다고 느끼는 것이다.

그러나 당장은 일이 수월해진 것처럼 보이지만, 앞으로는 어떻게 할 것인가? 엄마가 언제나 아이들을 위해 '일을 대신 해줄 수'는 없다. 앞으로 아이는 자신이 '수월하게 일해 나갈' 방법을 스스로 찾아야 한다. 따라서 엄마들은 재촉하는 효과, 그 가치에 대해 생각해봐야 한다. 우리는 천천히 통통의 엄마처럼 재촉하는 습관을 없애고, 아이가 직접 자신의 일을 생각해서 챙길 수 있게 환기시켜야 한다.

아이가 적절히 자신의 시간을 안배할 수 있도록 한다

우리는 언제나 아이를 걱정한다. 시간개념이 희박해 중요한 일을 놓칠까봐 걱정되기 때문에 되도록 모든 것을 다 해주려고 한다. 아이가 직접 시간을 정하도록 놔두지 않으면 아이의 시간개념은 점차 희박해진다.

우리는 적당히, 아이가 스스로 알아서, 자신의 시간을 정할 수 있도록 해야 한다. 예를 들어 아침에 자리에서 일어나 옷을 입을 때는 몇 분, 양치와 세수에 몇 분, 식사시간은 몇 분 등과 같은 것들이다. 아이가 시간을 정할 수 있는 때가 되면 더 이상 엄마가 나서서 아이를 재촉하지 말아야 한다. 아이가 제한된 시간에 일을 다 마칠 수 있는데 왜 엄마가 나서는가?

물론 '적당하게'라고 말한 것은 아이가 특수한 상황에 부딪칠 수도 있기 때문이다. 예를 들어 급하게 곧바로 외출을 해야 한다거나 어떤 일을 마쳐야 하는 경우에는 어른이 나서 적극적으로 도와줄 필요가 있다. 이제 겨우 예닐곱 살, 열 살이 조금 넘은 아이들은 돌발적인 사건을 처리할 능력이 없을 수도 있다. 그럴 때면 아이가 합리적으로 시간을 정해 자연스럽게 행동할 수 있도록 도울 수 있다.

아이에게 가장 기본적인 믿음을 보여준다

아이가 문제를 직접 처리할 능력이 없다고 생각하는 이유는 너무 느리다고 느끼기 때문이며, 그 주된 이유는 우리가 아이를 잘 믿지 못하기 때문이다. 그러나 정말 아이들이란 믿을 수 없는 존재인가? 아이들은 정말 독립적으로 일을 할 수 없단 말인가?

엄마가 아침 일찍 치치를 깨운 후 계속해서 끊임없이 재촉을 했다. 매일 치치의 기상 풍경은 마치 전쟁을 방불케 했다. 어느 날 저녁, 엄마가 열이 나기 시작했다. 다음 날 치치를 깨우지 못할 듯하자, 엄마는 미리 치치에게 다음 날 뭘 해야 하는지 알려주었다.

다음 날 아침, 엄마는 잠기운에 몽롱한 가운데 밖에서 치치가 들락거리며 움직이는 소리를 들었다. 늦을까 봐 걱정을 하고 있을 때 치치가 들어와 말했다.

"엄마, 나 나가요. 잘 쉬세요!"

치치가 집을 나선 후 엄마는 시계를 봤다. 놀랍게도 치치를 재촉하지도 않았는데, 엄마가 깨우던 보통 때처럼 10여 분 전에 집을 나섰다.

우리는 언제나 아이들은 아무 것도 하지 못한다고 생각한다. 엄마가 재촉하거나 알려주지 않으면 아이가 뭘 할 수 있을까? 그러나 치치 엄마의 경험을 보면서 우리 역시 뭔가 깨달아야 하지 않을까? 아이는 사실 독립할 수 있는 나이가 되었다. 다만 엄마가 차마 손을 놓지 못하고 있는 것일 수도 있다. 아이의 능력을 믿어야 한다. 설사 한두 번쯤 좀 서툴게 행동한다 해도, 아이는 계속해서 더욱 노력할 것이다. 우리의 믿음이야말로 아이의 독립성을 키우는데 가장 큰 힘이다.

꾸물대는 아이

•

속 터지는 엄마

빨리 가, 어서!

• 아이의 주의력을 빼앗는 엄마의 '빨리!'와 '어서!' •

엄마의 눈에 아이는 온통 결점 투성이다. 우리는 항상 아이의 언행에서 서툰 점을 발견한다. 게다가 일단 이런 부분이 눈에 띄면 결국 참지 못하고 입을 열게 되고, 이어 집안에는 다음과 같은 상황이 벌어진다.

샤오항은 엄마의 재촉 때문에 골치가 아프다. 엄마가 그럴 때마다 한꺼번에 수많은 내용을 쏟아놓기 때문이다. 예를 들어 엄마가 방을 정리하라고 할 때도 그렇다. 샤오항의 행동이 너무 느리다고 생각했는지 엄마는 샤오항을 도와주며 잔소리를 늘어놓기 시작했다.

"이것 좀 봐! 이 책 보는 거야, 안 보는 거야? 안 볼 거면 빨리 책장에 꽂아 둬야지! 여기 이렇게 두지 말고. 이 잔은 또 뭐야? 안 쓸 거면 깨끗하게 씻어 넣어두고. 장난감이랑 책은 이렇게 쌓아두면 나중에 어떻게 찾을 건데? 빨리 와서 장난감 상자에 집어넣고! 여기 이 끈적끈적한 건 또 뭐니? 껌 씹고 나서 버리지 않고 아무렇게나 종이에 싸서 여기 두고! 더럽잖아! 어서 갖다 버려! 물건이 이렇게 많은데 대체 정리는 언제 다 할래? 이것 좀 봐라! 얼마나 시간 낭비야? 어서 빨리하라고 했지?"

줄줄이 퍼붓는 엄마의 잔소리에 샤오항은 머리가 언제나 터질 것 같았다. 샤오항은 엄마가 이럴 때마다, 먼저 뭘 해야 할지 알 수가 없어 그 자리에 멍하니 서 있기 일쑤였다. 엄마가 자신에게 쏟아 붓는 '지휘명령'이 너무 많다보니, 샤오항은 대체 무엇을 먼저 해야 할지 종잡을 수가 없었다.

엄마는 그저 일상적인 일을 아이에게 알려주려고 했던 것이라고 말할 수도 있다. 그러나 이런 식으로 아이를 재촉하면 아이들은 자신이 대체 뭘 해야 하는 건지, 어떻게 해야 하는 건지 알 길이 없다. 아이의 주의력이 많은 일에 분산되어 머릿속에 온갖 정보가 가득 쌓이면, 아이들은 당연히 머리가 터질 것 같을 것이다. 우리가 계속해서 몇 번이나 '빨리 해'라는 말을 반복하면, 아이들은 동시에 몇 가지 일에 주의를 기울어야 하고 이는 혼란을 가져다 줄 뿐이다. 아직 성숙하지 않은 아이들에게 동시에 많은 일을 요구하면 아이들은 대부분 이를 감당할 수가 없다.

아이들은 주의력을 집중해야 행동할 수 있다는 특징을 알았다면, 더는 동시에 많은 일을 하라고 재촉하지 않도록 해야 한다. 적어도 아이에게 일의 순서를 분명히 할 수 있게 알려주어야 한다.

한꺼번에 너무 많은 명령을 내리지 않는다

샤오항의 엄마는 아이에게 한 번에 너무 많은 명령을 내린다. 엄마 입장에서는 그 중 어떤 명령이 중요하든지 간에, 아이가 모든 요구를 수용해야 한다고 생각할 수 있다. 그러나 아이들이 골치 아파 하는 부분이 바로 이것이다. 아이는 먼저 무엇에 주의해야 하는지 알지를 못하고, 일단 자신이 잘못 행동해서 동작이 느려질 경우 엄마가 어떤 일로 나무랄지에 대해서도 알지 못한다.

엄마들은 아이에 대한 요구를 분리해서 전달할 필요가 있다. 가능한 아이에게 한 가지만 요구하는 것이 좋다. 엄마는 아이에게 빨리 움직이라고 재촉하지만, 그런 엄마 역시 마음을 가라앉히고 차분해질 필요가 있다. 아이 역시 우리가 생각하는 것처럼 아무 것도 모르는 것이 아니기 때문에 대부분의 경우 아이에게 한 가지 사항만 요구하는 것이 좋다.

샤오항의 경우, 엄마는 아이에게 다음과 같이 말할 수 있다.

"한 시간 안에 방을 깨끗이 청소하렴."

이런 식의 명령은 모든 내용을 다 포함하는 동시에 아이에게 한정된 시간을 제시한다. 아이가 집중해서 '방을 정리'할 수 있다고 믿는 것이다. 그렇게 하면 아이는 '빨리' 그리고 '잘' 방을 정리할 수 있다.

아이에게 집중할 수 있는 시간을 준다

•

일의 순서나 어떤 일이 중요한지를 잘 알고 있는 아이들도 있다. 따라서 언제나 엄마가 나서 아이에게 이러한 것들을 알려줘야 한다고 생각할 필요는 없다. 대부분 아이의 행동이 느린 이유는 우리가 아이에게 주의력을 모을 시간적 여유를 주지 않았기 때문이다. 끊임없는 우리 재촉에 아이들의 머릿속은 뒤죽박죽이 되어버릴 수 있다.

원래 엄마들이 아이를 재촉하는 이유는 아이의 주의력을 모으기 위해서이다. 그렇다면 우리의 의도가 그대로 실행에 옮겨질 수 있게 적절한 표현을 선택하여 아이가 주의력을 모을 수 있도록 시간을 줘야 한다. 그렇게 하면 아이는 자연히 일의 순서를 파악할 수 있다. 예를 들어 우리가 "숙제 다 했니? 책상 좀 봐, 정리 좀 잘해!"라고 말한다면 아이는 정신이 멍해질 수 있다. 막 숙제를 하려고 했는데, 책상을 정리하라고 하는 꼴이기 때문이다. 이럴 경우 우리는 다음과 같이 표현할 수 있다.

"책상 정리도 안 하고 어떻게 숙제를 해? 정리 좀 하렴."

그럴 경우 아이는 책상 정리가 먼저 해야 할 일이라고 생각해서 주의력을 책상 정리에 모으게 된다. 정리가 끝나면 아이는 책상정리가 숙제를 하기 위한 것이었음을 떠올리고 숙제하는데 정신을 집중할 수 있다.

집중해 뭔가를 하고 있는 아이에게 재촉은 금물

또 하나, 아이의 주의력을 분산시키는 상황이 있다. 바로 아이가 집중해서 뭔가를 하고 있을 때 어른들이 못마땅한 부분을 발견하고 그대로 직격포를 날리는 것이다. 이렇게 하면 아이는 생각의 맥을 끊어버리고 만다.

> 루루는 열심히 그림을 그리고 있었다. 엄마가 우연히 루루 옆을 지나가다 바닥에 수북한 폐지와 빈 물감 통들을 보고 말했다.
>
> "엉망진창이네, 이게 뭐야? 어서 정리해!"
>
> 한참 그림을 그리던 루루는 엄마 말에 하는 수없이 바닥의 쓰레기들을 치우려고 빗자루를 찾아왔다. 그런데 그 순간 엄마가 다시 말했다.
>
> "왜 그림은 그리다 말아? 뭔가를 시작했으면 끝을 내야지."
>
> 루루는 빗자루를 들고 어쩌할 바를 몰랐다.

중간에 아이의 일을 방해하는 언행은 삼가야 한다. 뭔가에 열중하고 있을 때는 일이 끝나기를 기다려야 한다. 그렇지 않을 경우 아이는 무차별 폭격으로 쏟아지는 엄마의 명령에 결국 한 가지 일도 제대로 못하고, 아무 것도 하고 싶지 않은 상태가 되어버린다.

따라서 위와 같은 상황이라면, 엄마는 잠시 인내심을 발휘해야 한다. 그러다 보면 냉정하게 생각하고 아이에게 할 말을 다시 한 번 정리할 수 있고, 아이들 역시 엄마에게 반감을 갖지 않게 될 수 있다.

꾸물대는 아이

•

속 터지는 엄마

빨리 좀 말하라고!

• 할 말이 있는데 이야기하지 못하는 아이의 말, "아니야, 아무 것도" •

엄마들의 하루는 대부분 매우 분주하다. 일하는 엄마들은 출근해야 하고, 집안일도 해야 하고, 일하지 않는 엄마라 해도 매일 한도 끝도 없이 이어지는 집안일에 매달려야 한다. 아마 분주하게 움직일 때면 이런 엄마를 방해하는 일이 없기를 바랄 것이다. 그런데 아이들은 하필이면 이럴 때 우리에게 말을 건넨다.

"엄마, 저……."

아이가 무슨 말을 할지 귀를 기울이고 있는데, 우물쭈물 말을 잇지 못한다. 기다리다 못한 엄마가 말한다.

"말을 하려면 빨리 해!"

엄마가 이렇게 말하는 순간, 아이는 별 주저 없이 바로 말을 바꿔 '아니에요'라고 말하고 엄마가 일을 하도록 비킨다.

학교가 끝나고 집에 온 뎬뎬은 책가방을 내려놓은 후 방을 한참동안 서성이다가 마침내 결심을 한 듯 주방에 가서 엄마 앞을 얼쩡거렸다. 일을 하는데 거슬렸는지 엄마가 뎬뎬에게 말했다.

"왜? 무슨 일 있어?"

"엄마, 있잖아요……."

뎬뎬은 이렇게 말하다 다시 입을 다물었다.

분명히 무슨 일이 있다고 생각한 엄마는 아예 하던 일을 멈추고 쪼그리고 앉아 말했다.

"괜찮아. 무슨 일인지 말해 봐."

뎬뎬이 그제야 다시 입을 열었다.

"엄마, 저 용돈 조금만 더 주면 안 돼요?"

"용돈 다 썼어?"

뎬뎬이 고개를 저었다.

"아니, 엄마. 다음 주에 샤오리 생일인데 선물을 사주고 싶어서요. 장난감 가게에서 비행기 장난감을 봤는데 돈이 모자랄 것 같아. 엄마, 돈 조금만 더 주면 안 돼요?"

엄마는 잠시 생각하고 이렇게 말했다.

"음……. 선물은 꼭 사서 줘야하는 건 아니야. 네가 직접 만들면 더 좋지 않을까? 지난번에 종이판으로 작은 비행기 조립했었지? 그런 선물도 좋을 것 같은데. 축하의 말도 그 위에 적고 말이야. 어떻게 생각해?"

뎬뎬은 엄마의 말에 얼굴이 환하게 밝아졌다.

"맞다! 좋아요, 엄마! 한 번 만들어볼게. 고마워요, 엄마!"

뎬뎬은 이렇게 해서 기분 좋게 문제를 해결할 수 있었다. 이번 문제 해결의 전제조건은 우리가 조급해하지도 않고, 머뭇거리는 아이를 재촉하지도 않는다는 것이다. 그렇지 않고 눈앞에서 얼쩡거리는 아이를 보고 처음부터 화를 내거나, 뒷말을 잇지 못하는 아이를 보고 '빨리 이야기하란 말이야'라고 재촉을 했다면 뎬뎬은 절대로 자기 속마음을 털어놓지 않았을 것이고, 엄마는 아이를 위해 이처럼 좋은 방법을 생각해내지도 못했을 것이다.

그뿐만이 아니다. 만약 말을 하려다말고 입을 닫아버린 아이에게 짜증이 나서 소리를 질렀다면 어떻게 되었을까?

"대체 하고 싶은 말이 뭐야? 어서 말해!"

아이는 짜증스러운 어른의 태도에 하려던 말이 쏙 들어가 그냥 이렇게 말할 것이다.

"아무 것도 아냐……. 괜찮아!"

말은 그렇게 하지만 아이의 기분이 좋을 리 없다. 이런 식이라면 어른과 아이 사이가 멀어질 수밖에 없다. 사실 엄마들은 딱히 아이의 요구를 거절할 생각도 아니고, 그저 머뭇거리는 모습을 견딜 수 없었던 것뿐이다. 우리는 말하는 태도에 좀 더 주의를 기울일 필요가 있다.

머뭇거리는 아이에게 화내지 않기

•

아이가 하고 싶은 이야기를 하지 못하는 이유는, 말을 하면 엄마가 동의하지 않을 수도 있고 그렇게 되면 엄마에게 혼이 날 수도 있다고 생각하기 때문이다. 다시 말해, 이미 마음속으로 하려는 말에 대해 평가를 내리고 있다는 의미다.

이런 아이들을 떠올리면 너무 사랑스럽지 않은가? 무턱대고 요구를 하지도 않고 다짜고짜 자기 혼자 결정을 내리지 않은 채 시험 삼아 한 번 물어보는 식으로 우리에게 의견을 구한다. 만약 이렇게 생각한다면, 엄마 또한 아이의 모습에 화를 내지 않을 수도 있다. 아이에게 다짜고짜 소리를 지르지 말아야 한다. 그렇게 될 경우 아이는 자기가 하고 싶은 말을 하지 못하고, 마음의 문을 닫아버릴 것이다.

아이가 하고 싶은 말을 할 수 있도록 분위기를 조성하라

하고 싶은 말을 하지 않으면 아이의 마음도 불편할 뿐만 아니라, 아이의 말을 듣는 우리 역시 답답하다. 답답하고 조급해진 우리는 자연히 아이를 재촉할 수 있다. 그렇지만 이런 식으로 재촉하면 아이는 더욱 입을 열지 않는다. 따라서 우리는 아이가 하고 싶은 말을 할 수 있도록 분위기를 만들어줘야 한다.

아이가 말하려다가 입을 닫는 순간, 우리는 먼저 마음을 가라앉히고 톈톈의 엄마처럼 아이의 마음을 위로한 후 천천히 아이가 진심을 말할 수 있도록 이끌어야 한다.

열심히, 진지하게, 아이의 말을 경청한다

•

아이가 자기 의사 표현을 하려고 할 때는 진지하게 이를 경청해야 한다. 하던 일을 하며 별 생각 없이 아이 말을 듣는다면 진짜 아이가 하고 싶은 말이 무엇인지 정확하게 파악할 수 없다. 아이들이 말을 잘 못하고 머뭇거리면 아마 그 내용은 우리가 생각하는 '마지노선'에 걸린 내용일 경우가 많을 것이다.

아이의 말을 들을 때는 조급한 마음을 가라앉혀야 한다. 엄마가 느끼기에 비합리적인 말을 한다 해도 아무렇게나 말을 끊지 말고 참을성 있게 아이가 말을 마칠 때까지 경청하도록 한다. 아이가 완벽하게 자신의 뜻을 다 표현할 때까지 기다렸다가 일의 성격에 따라 결론을 내리고 엄마의 생각을 들려준다.

꾸물대는 아이

•

속 터지는 엄마

너는 왜 그렇게 매사에 꾸물거리니!

• 엄마가 섭섭해요 •

아이는 늘 실수를 하고, 엄마는 그 실수를 교정해 줄 책임이 있다. 그러나 아이의 잘못을 지적할 때 우리는 자신도 모르는 사이에 점점 조급해지면서, 나중에는 결국 화를 폭발할 때가 많다. 때로 고의적으로, 때론 말을 하다 보니 나도 모르게, '너는 왜 그렇게 매사에 꾸물대는데?'라는 감정이 터져 나오기도 한다.

그러나 이런 표현을 들은 아이들은 종종 이를 서운하게 느끼고, 화가 나서 거들떠보지 않으면 아이는 엄마가 자신에게 쌀쌀맞다고 생각하게 될 것이다. 이처럼 우리들의 차가운 태도는 아이들에게 나쁜 영향을 줄 수 있다.

야오야오가 초등학교에 입학한 후 엄마는 아이에게 아침에 옷을 입을 때도, 학교 가기 전 가방을 쌀 때도 동작을 빨리 하라고 재촉했다. 야오야오는 자유롭던 유치원 시절의 습관 때문인지 한동안 빡빡한 학교생활에 적응을 할 수가 없었다. 엄마의 재촉에 아이는 허둥대기 시작했고 제 뜻대로 일이 잘 되지 않았다.

한번은 엄마가 다시 느릿느릿 행동하는 야오야오 때문에 화가 났다. 엄마는 아이가 느긋하게 책가방을 정리하는 모습에 돌연 다음과 같이 말했다.

"정말 말이 안 나온다! 도대체 몇 번이나 말했니! 왜 이렇게 느려 터졌어?"

엄마는 야오야오의 책가방을 낚아채 재빨리 가방을 챙긴 후 아이를 잡아끌고 집을 나섰다.

학교 가는 길 내내 엄마는 아이에게 단 한 마디도 하지 않았다. 야오야오는 서운한 마음이 들었지만 엄마의 화를 풀어주고 싶었다. 그러나 어두운 엄마의 얼굴을 보니 무서웠다. 그날 야오야오는 기운이 빠져 수업도 제대로 들을 수가 없었다.

자신의 심리상태를 조절한다

어떤 엄마는 이렇게 말한다.

"조급하지 않게 됐어요? 다른 아이들 좀 봐요. 빨리 하면서도 저렇게 잘 하잖아요. 꾸물대는 우리 아이를 보면 속이 터지는데, 어떻게 기분이 좋을 수 있겠어요?"

이런 장면을 떠올리면 우리는 자연히 마음이 심각해지고 우울해진다. 심지어 아이만 보면 화가 나고, 때로 심하게 꾸짖기도 한다.

"넌 어쩌면 그렇게 느려 터졌니?"

사실 아이에게 이렇게 심한 말을 할 필요는 없다. 그저 행동이 조금 느린 것 아닌가? 이 아이에겐 다른 장점이 많지 않은가? 엄마는 자신의 심리상태를 조절할 줄 알아야 한다. 아이의 결점을 알았을 때 이렇게 마음의 균형을 잡으면 아이의 결점이 그처럼 참기 어렵게 느껴지진 않을 것이다. 우리가 마음을 가라앉혀야 아이의 결점을 고칠 더 나은 방법을 찾을 수 있을 것이다.

훈계를 한 후 냉담하게 아이를 대하지 않도록 한다

화를 내는 데에도 일종의 과정이 있다. 처음에는 갑자기 폭발했다가 서서히 가라앉는 경우가 대부분이다. 물론 그 중에는 화가 빨리 풀려 금세 평정심을 되찾는 경우도 있는가 하면, 화가 끓어올라 전혀 상관없는 사람에게조차 쌀쌀맞게 구는 이도 있다. 그러나 엄마인 우리들은 아이의 행동 중에 도저히 받아들일 수 없는 부분이 있을지라도 시종일관 화를 내며 아이를 쌀쌀맞게 대할 수는 없다.

사실 아이가 잘못을 저지르고, 우리의 말을 기억하지 못하고, 동작이 느린 것 등은 그리 큰 문제가 아니다. 엄마들이 화가 나는 것도 이해할 수 있다. 그러나 화를 내고, 훈계를 하고 나면 그 일에 대해 잊어버려야 한다. 아이를 칭찬할 때는 칭찬하고 사랑과 관심을 보여줄 때는 보여줘야 한다. 화가 나는 것과 사랑을 분리할 줄 알아야 한다. 그렇게 해야 아이는 엄마가 화를 내긴 해도 여전히 자신을 사랑한다는 사실을 느낄 수 있다.

표정을 바꿔 아이를 타이른다

'말'이란 그저 언어를 통해 정보를 전달하는 것이다. 때로 표정과 동작이 우리의 감정을 나타내는 많은 부분을 차지하기도 한다. 엄하고 쌀쌀맞은 표정으로 훈계를 해대면, 아이는 두려움을 느낄 것이다. 그런데 똑같이 이런 표정으로 엄마가 아이를 꾸짖으며 행동까지 빨리하라고 하면 아이는 두려움 때문에 손발이 더 잘 움직이지 않을 것이고, 그렇게 되면 나중에는 반항심이 생겨 엄마에게 적대감을 가질 수도 있다.

이럴 때 우리가 표정을 바꾸면 결과는 훨씬 좋아질 수 있다. 예를 들어 부드러운 표정으로 아이를 향해 "그렇게 하면 안 되지. 네 행동을 다시 한 번 생각해 봐."라고 말하면 아이는 긴장을 풀고 진지하게 자신의 행동 가운데 어떤 결점이 있는지 고민해볼 수 있다. 때로 웃으면서 이렇게 말할 수도 있다.

"아이고, 우리 '꼬마느림보'께서 좀 빨리 하실 수 없을까?"

이럴 때면 아이는 자신이 속도를 좀 높여야 한다는 것을 깨달을 수 있다.

우리의 이런 표정 변화는 실수를 했거나 동작이 느려서 생긴 아이의 긴장을 풀어주며, 이를 통해 아이들은 잠재된 능력을 발휘할 수 있다.

우리는 왜 아이가 느리게 행동하는 것을 싫어할까?

왜 참지 못하고 아이를 혼낼까?

당시 자신의 마음이 어땠는지 생각해본 적이 있는가?

아이가 느려서 우리 계획에 차질이 생긴다고 생각하는 것은 아닐까?

자기가 바쁘다고 아이까지 바쁘게 움직일 것을 요구해서는 안 된다.

아이의 행동 박자를 인정하고 존중해줘야 한다.

엄마, 짜증내지 말아요!

: 아이의 박자를 인정하고 존중한다

꾸물대는 아이
•
속 터지는 엄마

꾸물대지 마!

• 아이에겐 아이의 리듬이 있어요 •

어른들은 각자 나름대로 일하는 리듬이 있다. 시간을 어떻게 분배해야 하는지, 여러 가지 일의 관계를 어떤 식으로 조절해야하는지 알고 있는 것이다. 우리는 같은 시간 안에 많은 일을 해야 하며, 최단 시간에 모든 일을 깔끔하게 처리할 수 있어야 한다. 그러나 결국 이러한 박자는 우리 어른의 박자이지, 아이들의 것이 아니다. 아이는 아직 성장하는 과정에 있다. 그렇게 빨리 효과적으로 시간을 이용할 능력이 없다. 아이는 그 연령대가 갖는 동작의 리듬과 박자가 있다. 리듬과 박자가 다른데, 왜 우리는 아이에게 엄마의 리듬과 박자에 따라 행동하라고 강요할까?

토요일, 온 가족이 대청소를 실시했다. 엄마는 거실과 침실을 청소하고, 주방과 화장실은 아빠 몫이었다. 작은 침실은 샤오전의 '관할구역'이 되었다.

아빠와 엄마는 열심히 일했다. 점심을 먹기 전에 이미 신속하고 완벽하게 자기 일을 마쳤다. 그렇지만 샤오전은 여전히 정리를 끝마치지 못한 상태였다. 방을 정리하는 일이 너무 번거로웠다. 방에는 장난감, 책, 작은 공구들도 있었다. 아이는 이 물건들을 나누어 정리하려고 했다. 책은 책장에 꽂고, 장난감은 장난감 상자에, 작은 공구들은 그것만 넣어두는 작은 서랍에 넣을 생각이었다. 그러다 보니 아이는 빨리 움직일 수가 없었다.

아빠, 엄마가 벌써 식사 준비를 시작한 모습을 보고 샤오전은 마음이 초조했지만, 그렇다고 정리가 빨리 되진 않았다. 엄마가 샤오전의 방에 들어왔을 때, 샤오전은 여전히 방에 앉아서 천천히 책을 정리하고 있었다. 침대에는 아직도 이불이 어지러이 널려있었고, 책상 위에도 물건들이 하나 가득 널브러져 있었다. 그 모습을 본 엄마가 인상을 찌푸렸다.

"아직도 꾸물거리고 있어? 좀 빨리하면 안 되니? 어서 물건들 제자리에 놓고, 침대보 정리하고, 책상 닦아. 밥 다 됐는데 아직도 여기서 꾸물거리고 있어!"

샤오전은 엄마 말에 기분이 나빴다.

'빨리하라니! 매일 정리 잘 하라고 하면서, 거기에 빨리하라고까지 하다니, 말이 돼?'

엄마는 일은 빨리 끝내야 좋다고 생각하는 것 같다. 내키지 않는데도 해야 한다면 일찌감치 해버리는 것이 좋다는 식이다. 그러나 아이들은 그렇게 생각하지 않는다. 당연히 샤오전처럼 늑장을 부리고 꾸물대는 아이들도 있기 마련이다. 더구나 아이들은 아이들 나름대로 일하는 방식이 있다.

아이들 방식대로 움직이면 당연히 엄마가 일하는 방식, 속도와는 비교가 되지 않는다. 어쨌거나 엄마는 오랫동안 일을 해온 성인이니 일을 빨리 처리하는 것이 습관이 되었다. 아이들을 이런 식으로 재촉하면 아이들 듣기에는 마치 어른들이 자신을 질책하는 것처럼 들린다. 샤오전 역시 이 때문에 기분이 좋지 않았을 것이다.

사실 아이들은 아이들만의 리듬이 있다. 어른들의 리듬을 아이에게 강요할 수는 없다. 아이는 자신만의 리듬으로 움직여야 자립적으로 문제를 해결할 수 있다.

어른의 기준을 아이에게 요구하지 말라

어른들은 이미 일을 처리하는데 익숙하기 때문에 자연히 어떻게 해야 효율적으로 시간을 이용할 수 있는지 잘 알고 있다. 우리는 스스로에 대한 요구가 높으며 항상 마음속으로 이렇게 생각한다.

'하고자 하는 일은 당연히 해야 한다. 하지만 설사 하고 싶지 않은 일, 귀찮은 일이라고 해도 결국은 어차피 해야 하는 일이 아닌가? 늑장을 부리며 꾸물대다 못 하거나 끝마치지 못할 바에는 집중적으로 일을 마치는 편이 시간을 낭비하지 않는다.'

우리는 이런 이치를 잘 알고 있기에 자신에 대한 요구에 맞춰 일을 할 수 있다. 더욱이 그날 그 일들을 잘 마치지 않으면 몸도 마음도 편안하지 않다.

그러나 아이들은 엄마와 같은 수준이 아니다. 따라서 엄마의 요구가 아이들에게는 지나친 부담이 될 수 있다. 아마도 어떤 엄마들은 "요즘 아이들에게는 조금 엄격해야 해요. 다 미래를 위해서죠."라고 생각할 수도 있다. 그러나 아이들이 발전해나가는 과정에도 나름대로의 규율이 있다. 천천히 배워야할 것도 많다. 아이들의 능력 역시 서서히 형성되는 것이다. 나이가 많지도 않은 아이들에게 엄마의 수준을 요구하는 것은 아이들의 성장규칙에 어긋난다. 우리는 아이들의 성장규칙에 맞추어 적절하게 기준을 정해주어 아이들의 리듬과 박자에 맞게 일을 할 수 있도록 도와야 한다.

아이의 행동 리듬과 박자를 존중한다

우리는 항상 아이가 느리다고 불만이지만 아이들 입장에서 보면 결코 느린 것이 아니다. 그렇다면 우리는 아이가 왜 느리다고 생각할까? 결국 우리가 아이들을 하나의 독립적인 개체로 생각하지 않기에, 아이들의 리듬과 박자를 '무시'하고 그저 엄마들의 리듬과 박자를 강요하는 것이다.

사실 아이들은 정해진 시간 안에만 자신이 해야 할 일을 끝내면 된다. 왜 엄마 속도에 맞추라고 아이를 재촉하는가? 이런 식으로 아이를 재촉하는 것은 사실 아이들에 대한 우리의 불만을 표시하는 것이다. 이런 식의 재촉은 마치 아이에게 "엄만 바쁜데 넌 왜 그렇게 느려 터져서는 엄마의 계획을 자꾸 망가트리니?"라고 말하는 것이나 마찬가지다. 이런 재촉은 원망에 가깝기에 이를 듣는 아이는 자연히 마음이 불편하다. 우리는 아이의 행동

리듬과 박자를 존중해야 한다.

아이가 일을 완성할 수 있다면 자신의 리듬에 따라 행동할 수 있도록 여유 있는 마음으로 격려해야 한다. 결론은 마찬가지다. 일을 처리하는 능력이 점차 성숙해지면 아이들의 속도도 자연히 빨라질 것이다.

아이에게 게으르다고 함부로 말하지 않는다

우리는 일어난 지 4~5분 만에도 여러 가지 일을 처리할 수 있다. 하지만 아이는 30분이 지나도 할 일을 다 마치지 못할 수 있다. 그러므로 시간에 대한 어른의 잣대로 아이가 느리고, 게으르고, 엉망으로 30분을 쓰고 있다고 비난해서는 안 된다. 엉망인 사람이 누구인지 잘 생각해보라. 정말 아이들이 엉망으로 행동하는 것일까?

아이 행동의 속도를 가늠하는 기준은 엄마가 아닌, 아이여야 한다. 예를 들어 7세 어린이가 아침에 일어나 30분 안에 스스로 옷을 입고, 세수와 양치질을 마치고 거기에 잠자리까지 정리한다면 그것만으로도 충분히 훌륭하다. 그런 아이를 더 빨리 못한다고 비판할 것이 아니라, 오히려 자립적이라고 칭찬해주어야 한다. 아이를 비난할 때는 정말 아이가 할 수 있는데도 게으름을 피우고 있는 것인지, 같은 나이의 아이에 비해 많이 느린 것인지 생각해본 후 구체적인 상황에 대해 교육을 해야 한다.

꾸물대는 아이

•

속 터지는 엄마

엄마 바쁜 것 안 보이니?

• 항상 바쁜 엄마, 아이는 입을 열 기회가 없어요 •

학교가 끝나고 집에 돌아온 루이루이는 엄마에게 오늘 선생님께 칭찬받은 일을 자랑하고 싶었다. 그런데 엄마는 루이루이에게 "숙제는? 빨리 숙제해. 숙제 다 하고 말해!"라고 재촉했다. 루이루이는 하는 수없이 방으로 들어가 공책을 펼쳤다.

30분 후, 숙제를 마친 루이루이는 후다닥 엄마에게 달려갔다. 집에 왔을 때처럼 가슴이 쿵쾅거렸다.

"엄마, 엄마! 오늘 학교에서……."

엄마는 계속 하던 일을 했다. 요리 재료를 손질하느라 칼질을 하고, 설거지를 하면서 끓고 있는 음식을 살폈다. 루이루이가 엄마를 몇 번이나 부르며 이야기의 서두를 열었지만 엄마는 아이의 말에 귀를 기울이지 않았다. 그러더니 결국 루이루이에게 이렇게 말했다.

"됐어! 엄마 지금 바쁜 것 안 보이니? 조금 있다 말해, 알았어?"

루이루이는 엄마 말에 입을 삐죽거리며 주방을 나섰다. 루이루이가 중얼거렸다.

"흥! 조금 있다가는 무슨! 조금 있다가는 또 빨래하고, 방 청소할 텐데. 그것도 아니면 어서 자라고 하겠지. 엄마는 항상 이거 해라 저거 해라, 명령만 하고 내 말은 안 들어!"

사실, 엄마들은 정말 바쁠 때가 많다. 특히 아이가 어릴 때는 해야 될 일이 정말 많다. 그렇다 하더라도 항상 바쁜 것을 핑계로 말할 기회를 주지 않는다면 아이는 점차 우리에게 마음의 문을 닫을 것이다.

아이에게 시간을 준다

아무리 바빠도 아이와 이야기를 나눌 수 있는 시간을 가져야 한다. 우리와 아이가 그저 아이를 재촉하고, 아이는 이런 우리에게 대답하는 시간으로만 채워져서는 안 된다.

아이들을 위해 꼭 많은 시간을 남겨둘 필요는 없다. 그저 잠시 이야기를 나눌 정도, 생각을 나눌 정도로도 족하다. 사실 아이들은 자기의 말에 귀를 기울여줄 사람이 필요할 뿐이다. 때로 꼭 이런 말에 의견을 말해줄 필요가 있는 것은 아니다. 설사 정말 우리가 의견을 내줄 필요가 있다 해도 장황한 설교는 필요치 않다. 그저 아이의 생각의 물꼬를 틀 수 있는 힌트면 충분하다.

물론 그런 시간이 너무 짧아서도 안 된다. 절대, "몇 분 줄 테니 정확하게 문제의 답을 말해 봐."라는 식으로 말해서는 안 된다. 그렇게 되면 아이의 흥이 깨져서 이처럼 촉박한 시간제한을 두고는 더는 엄마와 이야기를 나누고 싶지 않을 것이다.

아이들 마음의 소리와 요구에 귀를 기울인다

재미가 있든 없든지 간에 아이들의 말에 귀를 기울인다. 아이들은 그저 우리와 함께 자신의 기분을 나누고 싶을 뿐이다. '바쁘다'는 핑계로 지친 모습을 보여주거나 건성으로 대하면 아이들은 마음의 상처를 받는다. 아마도 이런 엄마의 태도에 아이는 기분이 상할 것이고, 우울했던 마음이 더 우울해질 것이다.

따라서 우리는 아이들을 존중하고 있다는 모습을 보여줘야 한다. 무엇보다 아이에게 빨리 말하라고 재촉해서는 안 되며, 또한 아이의 말을 들으며 적절하게 자신의 견해를 밝혀 우리가 얼마나 자신을 소중하게 생각하고 있는지 느낄 수 있도록 해야 한다. 가장 중요한 것은 아이의 마음의 소리와 요구에 귀를 기울여, 되도록 아이 말에 약간의 생각이나 평가를 덧붙여주는 것이다. 이는 아이의 생활과 마음을 이해할 수 있는 좋은 기회이기도 하다.

꾸물대는 아이

•

속 터지는 엄마

몇 번을 말했는데 기억을 못 하니?

• 인내심을 가지고 성장하는 아이를 기다려주세요 •

분명히 오늘 아이에게 무슨 이야기를 해줬는데 돌아서면 잊어버리는 바람에 다음 날 다시 말해 줘야하고, 그런데도 아이가 금세 또 잊어버려 또 다시 반복해야 할 때가 있다. 한 번, 두 번, 세 번…… 이렇게 자꾸 반복하다 보면 엄마들은 정말 짜증이 난다. 아이가 똑같은 문제에 대해 실수를 되풀이하거나 아예 전에 가르쳐준 내용을 기억하지 못하면 엄마는 더 이상 화를 참지 못하고 언성을 높인다.

"몇 번을 말했는데 아직도 기억을 못해?"

그러나 엄마는 몇 번이나 말을 해줬다고 여기지만 아이는 그렇게 생각하지 않을 수도 있다.

사람들은 물을 마실 때 컵을 사용한 다음, 다시 목이 마르면 좀 전에 썼던 컵에 물을 따른다. 첫 번째 썼던 컵을 어디에 두었는지 생각이 나지 않았을 경우에나 다시 새 컵을 쓰기 마련이다.

그러나 아홉 살 청청은 조금 별스럽다. 컵을 쓴 후 다른 일을 하다가 또 물이 마시고 싶으면 새 컵을 꺼낸다. 그러다 보니 시간이 지나면 방 안 여기저기에 컵이 여러 개 놓여있었다.

엄마는 이런 청청 때문에 골치가 아팠다. 처음에 엄마는 청청에게 다음과 같이 말했다.

"다시 컵 꺼내지 말고 원래 썼던 컵 쓰렴. 아니면 사용한 컵은 엄마 주고 나서 다시 다른 컵을 쓰던지."

그렇지만 청청의 습관은 고쳐지지 않았고, 아이의 방에는 언제나 많은 컵이 널브러져 있었다.

매일 청청의 방을 정리해주던 엄마는 갈수록 점점 짜증이 났다. 청청이 다시 새 컵을 가져다 물을 따르려는 순간, 엄마가 컵을 빼앗으며 큰 소리로 야단쳤다.

"몇 번을 말한 거야? 쓰던 컵 쓰라고 했지. 왜 그렇게 자꾸 새 컵을 써?"

청청이는 억울한 생각이 들었다. '엄마가 그렇게 많이 말했다고 생각한 적이 없는데. 게다가 컵까지 빼앗아가다니, 물을 마시지 말라는 거야?'

청청이네 집과 같은 상황이 우리와 우리 아이들 사이에서도 벌어질 수 있다. 우리는 화를 내고, 아이는 억울해 하는 상황이 늘 벌어지고, 그럴 때마다 우리는 아이의 행동이 못마땅하다. 그런데 가만히 생각해보라. 아이가 성장하는데도 시간이 필요하지 않겠는가? 다른 사람의 말을 영원히 기억하는 사람은 없다. 성인인 우리들도 어제 말한 것을 오늘 잊어버릴 수 있지 않은가? 그런 걸 생각하면 아이에게 그렇게 심한 요구를 할 필요는 없지 않을까?

그렇다면, 아이의 성장을 인내심을 가지고 지켜보기 위해서 우리는 어떻게 해야 할까?

엄마가 해야 할 노력은 따로 있다

•

아이 교육에 앞서 우리는 우리 자신을 먼저 교육해야 한다. 우리의 모범적인 모습은 아이에게 오랫동안 영향을 준다. 이렇게 영향을 받는 사이 아이도 점차 좋은 습관을 갖게 된다. 청청의 경우, 엄마가 먼저 물을 마실 때 컵을 하나만 사용하고, 사용한 컵은 반드시 제자리에 돌려놓는다.

'언행을 통해 가르침을 행하라'고 했다. 다시 말해, 끊임없이 오직 말로만 아이에게 해야 할 일과 해서는 안 되는 일을 가르쳐주고 훈계할 뿐, 모범을 보이지 않거나 정확한 행동으로 몸소 실천하는 모습을 보여주지 않는다면, 아이들은 어른들이 요구하는 일에 그리 깊은 인상을 받지 못할 것이다. 그렇기에 아이에게 요구하기 전에 먼저 자신이 실천하는 모습을 보여야 한다.

아이에게 엄마의 '요구'를 기억할 시간을 준다

우리는 언제나 아이에게 "그것도 기억 못 하니?" "기억력 하고는!"이란 말을 입에 달고 산다. 아이에 대한 요구가 지나친 것은 아닐까? 아이의 성장에는 시간이 필요하다. 한 순간에 성장할 수 있는 사람은 없다. 아주 작은 일이라고 해도 우리가 인내심을 가지고 가르쳐주지 않는다면 아이는 언제나 마찬가지로 '기억을 못하게 될 것'이다.

먼저 우리 자신의 인내심을 길러야 한다. 아무리 초조해도 아이가 성장하는 데는 이런 시간이 필요하며, 모든 아이가 한 번 듣고 나서 모든 요점을 기억하는 것이 아님을 알아야 한다. 아이의 실수도, 아이의 부족함도 모두 감싸 안을 수 있어야 한다. 엄마가 인내심을 발휘해야 아이는 좋은 습관을 기를 수 있다.

물론 아이가 어떤 일을 익히지 못하고 실수를 하는 진짜 이유를 파악할 수 있어야 한다. 또한 기다림 이외에도 적절하게 채찍질을 해서 아이가 되도록 빨리 좋은 습관을 기를 수 있도록 도와줘야 한다.

아이가 자각할 수 있도록 교육한다

작은 예를 하나 들어보도록 하자. 젓가락을 쥐는 방식에는 여러 가지가 있다. 자꾸만 손이 꼬여 젓가락 쥐는 모습이 흉한 아이들도 있지만, 정작 아이들 본인은 그렇다고 생각하지 않는다. 아이들은 그저 음식만 집어서 먹을 수 있으면 그만이라고 생각한다. 그러나 엄마는 젓가락을 잡는 모습이 보기 흉하면 다른 사람들이 보기에 좋지 않을 것이라고 판단하여 언제나 식탁 예절 중 하나로 아이의 젓가락질을 바로잡기 위해 신경 쓴다. 반면에 아이들은 이런 자각을 하지 못하기 때문에 매번 식사 때마다 엄마로부터 몇 번이나 주의를 듣는다. 그러나 아무리 이런 말을 듣는다 해도 그 때뿐으로, 아이들은 쉽게 잊어버리기 마련이다. 우리가 말하는 '벌써 몇 번을 말한 일'일수록 아이는 더욱 기억하지 못한다.

따라서 엄마는 적극적으로 아이가 자각을 할 수 있도록 교육해야 한다. 엄마는 아이가 마땅히 어떻게 행동해야 옳은지 알려주는 한편, 반면교사의 역할도 해야 한다. 예를 들면 문을 닫는 행동 역시 마찬가지다. 아이가 자기 방으로 들어가면서 방문을 닫지 않는다면 먼저 아이에게 이런 행동을 하지 말라고 할 것이 아니라, 너무 춥거나 시끄럽다고 생각될 경우 어른들이 먼저 문을 닫도록 한다. 그런 다음 다시 아이들에게 가르쳐주면 아이는 자발적으로 방문을 닫게 될 것이다.

꾸물대는 아이
•
속 터지는 엄마

뭘 해도 느려 터졌니!

**• 아이를 자극하는 비꼬는 말투보다,
긍정이 넘치는 격려를! •**

우리는 평상시 아이에게 비꼬는 말투를 자주 사용한다. 꾸물대는 아이를 보면 대부분 우리는 "항상 꾸물꾸물, 언제나 엄마를 실망시키네. 넌 왜 그렇게 뭘 해도 느려 터졌니?"라고 말한다. 물론 우리는 아이가 결코 뭘 해도 느린 것은 아니란 사실을 잘 알고 있다. 이런 식으로 말을 하는 이유는 아이에게 자극을 주기 위해서다.

그러나 이런 방법이 누구에게나 통하는 것은 아니며, 또한 아무 때나 통하는 방법도 아니다. 항상 이렇게 비꼬는 식으로 아이를 자극한다면 아이는 자포자기하고 싶은 기분이 들 것이다.

엄마는 항상 습관적으로 샤오징을 채근한다.

"숙제 좀 빨리 해!"

"빨리 좀 움직이지 못 해! 그러다 늦겠다!"

"넌 어쩜 그렇게 매사에 느려 터졌니?"

⋮

엄마는 항상 이런 식의 말투를 입에 달고 산다. 처음에 샤오징은 엄마 말이 옳다는 생각에 빨리 움직이려고 했다. 그러나 엄마가 항상 이런 식으로 말하다보니 샤오징은 자기가 정말 빨리 행동할 수 없는 건 아닌가, 라는 의구심이 들었다.

이렇게 시간이 흐르던 어느 날, 아침에 일어난 샤오징은 꾸물거리다가 양치질하고 세수하고, 식사하는데 너무 많은 시간을 허비하고 말았다. 아이가 느릿느릿 신발을 신으며 나가려는데 엄마가 시계를 보며 다급하게 말했다.

"어휴! 좀 빨리할 수 없어? 넌 도대체 뭘 해도 그 모양이야! 신발 하나 신는 것도 느려 터져가지고!"

샤오징은 엄마 말에 계속 기분이 나빠지면서 동작도 더 느려졌다. 아이는 생각했다.

'어차피 엄마가 난 뭘 해도 이 모양이라고 했잖아. 난 안 돼. 그런데 노력해서 뭐해?'

그런 생각이 들자 샤오징은 뭘 해도 기운이 나질 않았고, 행동은 점점 더 느려졌다.

비아냥대는 엄마 말이 처음에는 효과가 있었을지도 모른다. 그러나 이런 말이 너무 많이 주입되면 아이들은 샤오징처럼 '어차피 난 안 돼'라는 고정관념이 생긴다. 우리는 아이들이 자포자기하기를 원하지 않는다. 따라서 언제나 비아냥거리는 말로 아이를 자극할 것이 아니라, 긍정의 힘이 가득한 격려로 아이에게 힘을 실어주어야 한다는 사실을 깨달아야 한다.

어떤 경우든 간에,
아이를 부정적으로 평가하는 것은 금물이다

•

'부정'이란 어떤 사실의 존재, 그 진실성을 부인하는 것이다. 우리는 늘 '부정'적으로 아이를 묘사한다. 예를 들어 아이가 분명히 잘 했는데도 누군가 아이를 칭찬하면 우리는 "아뇨, 아직 멀었어요."라고 대답한다. 또한 아이가 잘 못한 경우에는 더욱 솔직하게 아이의 결점을 있는 그대로 사람들에게 드러내며 "재는 뭘 해도 안 돼요."라고 말한다. 그러나 언제, 어떤 경우라도 아이를 부정하면 아이들은 진취적인 삶의 원동력을 상실하게 될지도 모른다.

우리는 아이에게 희망을 품어야 한다. 아이의 장점을 인정하고, 설사 단점이 있다고 해도 아이가 단점을 극복할 수 있도록 격려해야 한다. 아이를 부정하여 마음의 상처를 주어서는 안 된다. 엄마로서 내 아이를 긍정하지 않는다면 아이가 어찌 자신에 대한 믿음을 가질 수 있을까? 특히 아이가 꾸물거리고 늑장을 부릴 경우에는 더욱 이를 확대해석하여 아이가 모든 일에 무능하다고 비난할 수 없다. 어쨌거나 한 가지 결점을 고치려고 노력하는 것은 모든 결점을 고치려고 노력하는 것보다는 쉽지 않겠는가.

함부로 '넌 안 돼'라는 식으로 아이를 평가하지 않는다

•

아마도 우리는 무의식중에 아이에게 "빨리 빨리"라고 말한 후 대부분 "넌 뭘 해도 이렇게 느리니"라든가 "넌 정말 뭘 해도 안 돼"라는 말을 덧붙이는 경우가 많다. 우리가 이런 말을 하는 이유는, 물론 아이가 빨리 행동할 수 있도록 자극하기 위함이다. 그러나 아이들은 오히려 '우리가 원하는 바대로' 빨리 행동하기는커녕 대부분 우리의 뜻과는 반대로 행동이 점점 더 느려진다.

무심결에 내뱉는 "넌 안 돼."라는 한 마디 말에 아이는 자기도 모르게 자신이 우리가 말한 것처럼 '뭘 해도 안 되는 사람'이라고 생각하여 점점 노력을 포기하고 결국 '안 되는 사람'으로 변해가기 때문이다.

따라서 우리는 "안 돼."라는 두 글자 대신, 아이가 가진 능력을 긍정한 후 부족한 부분을 지적하도록 하자. 가능하면 우리는 아이가 결점을 보완할 수 있도록 의견을 내놓고 도와주어야 옳다.

긍정적으로 아이를 격려하는 법을 배운다

•

"정말 열심히 했구나. 더 많이 노력해서 좋은 성적을 거두는 모습을 기대할게."

"해 봐. 분명히 할 수 있을 거라 믿어."

"왜 안 된다고 해? 안 된다고 생각하지 마. 아직 시도도 안 해봤잖아? 움츠려들지 말고! 엄마가 응원할게."

⋮

이런 격려의 말은 아이가 전진할 수 있는 힘을 부여한다. 이는 아이가 용감하게 어려움을 마주할 수 있도록 격려하여 결과적으로 어려움을 극복하게 만든다. 아이가 해낼 수 있다고 믿어주면 아마도 아이는 우리에게 최상의 보답을 해줄 것이다.

물론 이러한 격려는 현실적이어야 한다. 아이의 능력에 맞게 적절하게 격려해야 한다는 말이다. 원래 느린데 엄마가가 격려한다고 해서, 아이가 그 즉시 빨리 행동하는 것은 불가능하다. 오히려 아이는 엄마가 자신을 비웃고 있다고 생각할지도 모른다. 우리는 아이의 실제 능력을 감안해 '한 발짝 뛰어오르면 도달할 수 있는' 그런 작은 목표를 설정해주어야 한다. 또한 아이가 목표에 도달했을 때는 칭찬에 인색하지 말아야 한다. 칭찬을 통해 아이는 더 큰 발전을 이룰 수 있을 것이기 때문이다.

꾸물대는 아이

•

속 터지는 엄마

여자애가 얌전해야지!

• '얌전해야지'라는 엄마 말에 느림보가 되는 여자아이 •

우리는 대체로 여자아이들이 천방지축 덤벙대는 모습에 익숙지 않고, 얌전하게 행동하기를 기대한다. 사회적 편견에 기대어 말하자면, 우리는 자기 집 딸이 '여자아이다운' 모습이길 바란다. 그런데 문제는 바로 어떤 모습이 과연 '여자아이다운' 모습이냐는 것이다.

샤오야는 성격이 급하다. 무슨 일을 해도 마찬가지다. 아침에 양치질하고 세수할 때도 2, 3분이면 후다닥 끝낸다. 이렇게 급하다보니, 하는 일마다 제대로 하는 것이 없다. 양치를 마친 모습을 보면 입가에 치약거품이 그대로 남아있기 십상이다.

엄마는 여자아이가 어쩌 이 모양일까, 생각하며 덜렁거리는 샤오야를 보고 이렇게 말한다.

"여자아이는 여자아이다워야지. 넌 왜 이렇게 성질이 급해? 그래가지곤 제대로 할 수 있는 일이 하나도 없어."

샤오야는 전에는 이런 엄마의 말에 별다른 느낌을 받지 못했다. 그러나 사춘기에 들어서면서 자존심이 강해진 샤오야는 엄마가 이런 말을 할 때마다 표정이 굳어졌다.

그 후로 샤오야는 자신의 언행에 주의하기 시작했고, 엄마가 말한 '서두르지 말고, 여자아이처럼 얌전하게'라는 말을 떠올리며, 행동이 점점 느려지기 시작했다. 엄마는 처음에 이런 샤오야의 변화가 기뻤지만, 시간이 흐르면서 뭔가 잘못 되어가고 있다고 생각했다. 샤오야의 행동이 얌전해지긴 했는데, '지나치게 많이' 느려졌기 때문이다. 전에는 2, 3분이면 끝내던 양치질이나 세수를 지금은 20분이 넘어도 끝내지 않았던 것이다. 답답한 엄마가 화장실에 들어가 보니 샤오야가 천천히 얼굴에 비누칠을 하고 있었다. 천천히…….

엄마는 다시 골치가 아프기 시작했다. 엄마가 말하는 '얌전한 여자아이'란 이런 식으로 느린 행동을 뜻하는 것이 아니었는데!

'여자아이다운'이란 대체 무슨 뜻일까? 이에 대해 각자 다양한 기준을 가지고 있지만 대부분 공통적으로 얌전해야 한다는 데는 동의를 한다. 샤오야의 엄마도 이렇게 생각하고 샤오야에게 언제나 '얌전'할 것을 주입했는데 샤오야는 이를 '느린 동작' 정도로 이해해서, 결국 꾸물거리는 습관을 갖게 된 것이다.

'여자아이다워야 한다'라고 말하는 것이 잘못은 아니다. 그러나 엄마의 생각이 지나치게 편협하지는 않은지 잘 생각하고 아이에게 전달해야 한다.

'얌전하다'는 말의 진짜 의미를 이해한다

'얌전하다'는 것은 부드럽고, 차분하다는 것을 의미한다. 그러나 모든 여자아이들이 이런 모습을 지닐 필요는 없다. 때로 쾌활한 여자아이도, 명랑하고 시원스러운 여자아이도 있을 수 있다. 이런 여자아이들이라고 사람들이 좋아하지 말란 법이 있는가? 게다가 어떤 여자아이들은 성격은 외향적이라고 해도, 일은 매우 깔끔하고 확실하게 또한 적절하게 처리한다. 우리는 사실 딸들이 이런 능력을 갖길 원하고 있지 않은가?

엄마가 마음속으로 '여자아이인데 좀 얌전하면 좋겠다'라고 생각하는 것은 행동이 침착해서 덜렁거리지 않고, 결단력을 가지고 일을 끝까지 마무리해주길 원하는 것뿐이다. 성격이 차분하고 꼼꼼해서 내실 있게 행동하면서 속도도 빠르길 원하는 것이다. 그러므로 먼저 '얌전'하다는 말이 대체 어떤 의미인지를 스스로 생각하고 정립한 후 교육해야 여자아이를 더 잘 키울 수 있다.

'얌전하다'는 것과 '느리다'는 것은 같은 의미가 아님을 깨닫게 한다

•

앞에서 말한 샤오야처럼 많은 여자아이들은 엄마가 말하는 '얌전하다'의 뜻이 일 속도가 느린 것을 말하는 거라고 이해하는 때가 많다. 따라서 우리는 '얌전하다'는 것과 '느리다'는 것은 같은 뜻이 아님을 아이에게 알려줘야 한다. '얌전'하면 일을 더 효율적으로 확실하게 할 수 있다. 그에 비하면 '느리다'는 것은 그냥 동작이 느린 겉모습에 대한 표현에 불과한데도 일에 큰 영향을 준다. 느릿느릿 일을 하면 적절한 시기를 놓칠 수 있을 뿐만 아니라, 일의 완성도에도 영향을 미친다.

우리는 '얌전하다'는 말의 의미를 잘 정리한 후 딸에게 우리가 말하는 '여자아이처럼' 또는 '얌전하게'라는 표현이 무엇을 뜻하는지 정확하게 알려줘야 한다. 이는 성격이 침착해서 꼼꼼하고 차분하게 일을 하라는 것이지 속도를 늦추라는 의미가 아니다. 속도가 늦춰지면 분명 생각할 시간이 늘어나는 것은 사실이지만 그것도 적절한 한계가 있는 것으로 지나치게 느려지는 것은 좋지 않다. 여자아이들은 점차 '얌전하다'라는 말의 의미를 깨닫고 난 후에야 정확하게 이런 이미지를 갖기 위해 노력할 것이다.

'정적'인 것과 '동적'인 것을 적절하게 조화시키도록 한다

어떤 여자아이들은 엄마가 '얌전'해야 한다는 말에 급한 일도 천천히, 느릿느릿 처리하는 경우가 있는데, 이런 모습 역시 바람직한 것만은 아니다. '정적'인 것과 '동적'인 것을 잘 결합해야 가장 이상적이라는 것을 깨달아야 한다. 상황에 따라 빨리 처리해야 하는 일은 빨리 움직여 끝마칠 수 있도록 한다.

이러한 조화로움을 이해하는 아이는 더욱 합리적으로 리듬을 조절하여 행동할 수 있기에 이후 생활에서 큰 발전을 거둘 수 있다.

꾸물대는 아이

•

속 터지는 엄마

넌 남자야!

• 나약하다는 말로 아이를 기죽게 하지 마세요 •

어른들은 모름지기 남자아이라면 용감하고, 강인하고, 호탕하고, 시원스러워야 한다고 생각한다. 그래서 어렸을 때부터 이런 성격의 소유자가 되길 요구한다. 특히 어려운 일을 만나 좌절하는 모습을 보면 "넌 남자야!"라는 말을 강조한다.

이 얘기는 맞는 말처럼 들린다. 남자아이들은 어떤 성격을 가지고 있어야하는지 모두 알고 있기 때문이다. 그러나 우리가 남자아이들에게 이런 말을 하는 이유는 무엇인가? 용감해지라고 말하는 것일까? 그런데 남자아이들은 대부분 이런 말을 들으면 자신이 나약하다고 생각할 뿐이다. '넌 남자야'라는 말에 오히려 자신감이 점차 줄어들면서 더욱 꾸물거리고 느려터진 아이가 될 수도 있다.

장위안이 아침에 늦게 일어났다. 엄마가 계속 옆에서 '제발 빨리 좀 움직이라'고 끊임없이 재촉했다. 장위안은 엄마의 독촉소리에 허겁지겁 치약도 제대로 안 짜고 양치질을 하는가 하면, 급하게 밥을 먹느라 혀를 데이기까지 했다.

엄마가 이러한 광경을 보더니 눈살을 찌푸리며, 체머리를 흔들었다. 나중에 학교에 가는 아들을 보니 책가방 정리도 마치지 않았고, 신발도 제대로 신지 않은 모습을 보고 엄마는 한참동안 잔소리를 늘어놓았다.

"좀 빨리 하라고 그랬잖아! 남자아이가 돼가지고 어떻게 옆집 샤오메이만도 못해? 샤오메이는 여자아인데도 얼마나 빠르니? 대체 남자애가 되어가지고 그렇게 느려 터져서는……. 빨리 좀 하라니까!"

장위안은 엄마 말에 기분이 계속 우울해졌고 그러다 보니 동작은 더욱 느려졌다.

사실 남자아이들은 성취욕이 강한 편이다. 중요한 것은 남자아이들이 이런 특징을 긍정적으로 발휘할 수 있도록 교육하는 방식이다. 장위안의 엄마처럼 '넌 남자야'라는 말로 아이를 자극하면 이는 지금 아이가 잘 하지 못하고 있다는 것을 암시하는 것이다. 게다가 이웃집 여자아이까지 들먹이며 비교를 하고 있지 않았는가. 이는 장위안에게 그렇게 느린 아이는 사내대장부가 아니라고 환기시키는 것이나 마찬가지다. 어떤 남자아이가 이런 평가를 받고 싶겠는가? 이런 엄마에 대한 반감으로 장위안은 더욱 느린 아이가 되어버린 것이다.

언제나 '남자아이'라는 '신분'을 들먹이며 아이를 교육하려는 우리의 사고방식을 바꿔야 한다. 이는 아이에게 충격을 줄 뿐이다. 입장을 바꿔 우리가 요직에 있는데 다른 사람들이 언제나 '당신은 상급자'라는 식으로 무엇인가를 요구하면 우리 역시 이러한 호칭에 얽매여 내심 마음의 커다란 압박으로 다가오지 않겠는가? 때로 성인인 우리는 이런 말을 원동력으로 삼을 수도 있겠지만 아이들은 그렇지 못하다. 아이들은 아직 심리적으로 미성숙한 단계이기에 이런 말은 그저 심리적 스트레스로 다가올 뿐이다.

그렇다면 우리는 어떻게 남자아이를 대해야 할까?

'재촉'하는 방식으로 남자아이를 자극하지 않는다

언뜻 생각하면 '재촉하는 방식으로 남자아이를 자극하지 않는다'라는 말이 뭔가 잘못된 것 같지만, 곰곰이 생각해 보면 이 말의 뜻을 알 수 있다.

예를 들어 남자아이가 무서워서 밤에 혼자 화장실에 가지 못하고 망설이면 우리는 이렇게 아이를 재촉한다.

"남자애가 돼가지고! 어서 다녀와, 꾸물거리지 말고!"

그러나 사실 이런 말은 그다지 좋은 효과를 거두지 못한다. 오히려 이런 말을 들으면 무엇인가 행동을 할 때 더욱 자신감이 없어지면서 오히려 점점 더 어둠을 무서워하고, 머뭇거리게 만들 뿐이다.

우리는 아이에게 '재촉'보다는 격려를 해줘야 한다.

"사내대장부니까 어둠 따위 무섭지 않지? 그치? 조금만 용감하면 다 이겨낼 수 있어."

이런 식의 격려의 말을 들으면 아이의 마음속에는 '영웅심리'가 싹트기 시작한다. 여기에 덧붙여 본보기가 될 만한 영웅들의 이야기를 들려주면 아이는 더욱 적극적인 성격을 가질 수 있다.

남자아이에게 표현의 기회를!

청난과 엄마가 함께 시장에 장을 보러 갔다. 장을 다 보고 집으로 돌아오는 엄마의 손에 하나는 무겁고, 하나는 가벼운 봉투가 들려있었다. 엄마가 청난에게 말했다.

"엄마 좀 도와줘. 봉투가 좀 무겁네."

이렇게 말하며 청난 엄마는 무거운 봉투를 청난에게 건넸다.

봉투를 들고 채 몇 걸음을 걷기도 전에 청난이 불만을 터트렸다.

"엄마, 너무 무거워. 못 들고 가겠어."

엄마가 웃으며 말했다.

"응? 엄마는 여잔데도 잘 드는데. 우리 집 남자가 이 정도로 되겠어? 우리 아들은 분명히 들 수 있으리라 믿어."

엄마의 말에 청난은 한껏 기운이 돋았다.

"엄마에게 질 수야 없지. 봐, 엄마!"

이렇게 말한 후 청난은 힘껏 봉투를 들고 빠른 걸음으로 집으로 향했다.

대부분 엄마들은 위의 경우라면 가벼운 봉투를 아이에게 줄 것이다. 심지어 아예 자신이 봉투를 다 들고 가는 사람도 있을 것이다. 대개는 아직 어린 아이들인데 어떻게 그런 일을 시키느냐고 생각한다. 그러나 이렇게 생각하는 어른들이 평소 남자아이가 느릿느릿 자기 일을 잘 못할 때 오히려 "넌 남자애잖아!"라고 말하는 것이 모순이지 않는가?

우리는 아이에게 표현의 기회를 줄 필요가 있다. 아이가 우리와 함께 좀 버거운 일을 할 수 있도록 기회를 주어 단련을 시킨다면, 일을 하는데 더욱 많은 방법을 배울 수 있을 것이다.

용감한 모습, 노력하는 모습에 칭찬을 아끼지 않는다

•

칭찬을 통해 남자아이는 나약함을 극복하고 자신감을 높일 수 있다. 남자아이가 새롭게 발전하고, 일의 속도가 빨라지고, 힘껏 엄마의 집안일을 도와줄 때면 칭찬을 아끼지 않도록 한다.

"정말 대단하네! 혼자서 이걸 끝냈어? 역시 우리 아들은 믿음직해!"

이런 칭찬은 남자아이에게 적극적이며 진취적인 능력을 갖게 한다. 또한 진짜 남자다운 남자가 되고 싶다는 아이의 마음을 만족시킬 수 있다. 아이는 이런 마음으로 더욱 훌륭하게 행동할 것이다.

칭찬을 할 때 한 가지 주의할 점은 반드시 구체적으로 칭찬을 해야 한다는 점이다. 칭찬을 하는 이유가 분명해야 한다. 그저 두루뭉술하게 '넌 정말 대단해'라는 식이 아닌, 실제 의미가 있는 칭찬을 해야 격려가 된다.

엄마가 곁에 있으면 머뭇거리고 늑장을 부리지만,

엄마가 사라지면 행동이 빨라지는 아이들을 종종 발견할 수 있다.

이유가 무엇일까?

이는 엄마가 아이를 믿지 못하고 자꾸만 아이를 '통제'하면서

점차 엄마에게 의존하기 때문이다.

엄마가 아이에 대해 믿음을 가지고 적절하게 아이를 풀어줄 때

아이는 점차 자신감을 가지고

더는 꾸물거리지 않는 아이가 된다.

아이에게 믿음을 주려고요

: 엄마가 먼저 변해보세요

꾸물대는 아이
•
속 터지는 엄마

엄마는 널 믿어!

• 곁에 엄마가 없을 때, 좀 더 '잽싼' 아이가 돼요 •

우리는 아이들이 일을 제대로 못한다고 걱정할 때가 많다. 그래서인지 직접 곁에서 아이를 지켜보며 아이에게 '간섭'하려 든다.

그러나 구태여 이렇게 할 필요가 있는가? 하나의 올가미처럼 우리 시선 속에 아이를 가두어 통제 가능한 범위 안에 '옭아맬' 필요가 있겠는가? 다음에 소개하는 남자아이를 보면 아마도 느끼는 바가 있을 것이다.

새해가 다가왔다. 유치원에서 아이들의 공연 프로그램을 마련해 부모들을 초대했다.

'선생님은 분명히 샤오후를 무대에 올리지 않았을 거야.'

엄마는 내심 이렇게 결론을 내렸다. 집에 있을 때 샤오후는 온통 집안을 헤치고 다니면서 제대로 하는 일이 하나도 없어, 뭐든지 도중에 그만두기 일쑤였기 때문이다. 엄마는 오늘 샤오후가 소란을 피우지 않도록 잘 지켜봐야겠다고 다짐하고 집을 나섰다.

그러나 유치원에 도착한 엄마는 자신의 눈을 의심했다. 선생님이 얌전히 앉아있는 샤오후 얼굴에 분장을 해주고 있었기 때문이다. 축하공연 첫 번째 순서는 바로 샤오후가 친구들 십여 명과 함께 벌이는 단체무용이었다. 샤오후는 제법 그럴 듯하게 춤을 잘 추었고 공연을 끝낸 후에도 선생님을 도와 도구를 정리했다.

엄마는 도저히 믿을 수가 없었다.

'저 애가 집에서 그토록 말썽을 부리는 우리 집 샤오후가 맞나?'

샤오후는 집과 유치원에서 완전히 딴판이었다. 이유가 무엇일까? 엄마가 샤오후를 계속 지켜보며 노파심에 끊임없이 샤오후를 '지도편달'했기 때문이다. 엄마가 계속 재촉하고, 불만스러운 모습으로 지켜봤기에 샤오후는 집에서 활력을 잃었고 그 결과 항상 머뭇거리기 일쑤였던 것이다. 그러나 유치원에서는 달랐다. 선생님은 어린 친구들을 모두 똑같이 대했기에 샤오후는 아무런 긴장 없이 적극적으로 활짝 손과 발을 펼치며 춤을 출 수 있었다.

샤오후의 이야기는 우리에게 시사 하는 바가 크다. 때로 우리는 적절하게 아이에게 표현을 해야 할 때가 있다.

"엄마는 널 믿어!"

그리고 아이를 향한 '시선의 올가미'를 풀고 자유롭게 놓아줌으로써 아이가 우리의 시선 밖에서 행동할 수 있도록 해야 한다.

지나치게 높은 기준을 요구하는 것은 금물!

“이불을 반듯하게 편 다음 개야지, 이렇게 둘둘 말아둔 채로 어떻게 정리할 거야? (……) 어떻게 침대시트를 그렇게 끌어당길 수가 있니? (……) 아이고! 베개 거기 두지 말고! 평소 저쪽에 뒀었잖아? 베갯잇도 그렇게 쭈글쭈글하게 두고. 어휴, 동작 봐라.”

엄마들이 줄곧 입에 달고 사는 말들이다. 잠자리를 정리하는 아이들 옆에서 우리의 존재는 듣기 좋게 말해 ‘도우미’지, 아이들 마음속에 떠오르는 이미지는 ‘감독관’이다.

이제 겨우 열 살도 채 안 되거나 갓 열 살이 넘은 아이들은 체력이나 능력 면에 있어서 우리의 기준에 훨씬 못 미친다. 그런데도 엄마들은 ‘인정사정없이’ 이런 높은 기준을 아이들에게 적용한다. 심지어 아이들에게 우리와 같은 수준의 모습을 보여줄 것을 요구하기도 한다. 바로 이런 환경 탓에 아이는 일처리가 서툴고 동작도 느려진다.

우리는 적절하게 자신의 ‘정책’을 조절하여 아이에게 신뢰를 보내야 한다. 아이들이 우리와 같은 수준이 아닌, 자신들의 기준에 따라 일을 하도록 말이다. 아이들 마음속에도 자신만의 기준이 있다. 엄마가 열심히 능력이 닿는 데까지 노력한다면 아이는 이런 엄마의 모습을 통해 노력하는 법을 배울 것이다.

진정으로 아이의 능력을 이해한다

•

우리가 아이를 믿지 못하는 이유가 실은 아이의 능력을 잘 모르고 있기 때문이라고 생각해본 적이 있는가? 우리는 때로 아이들의 연령을 생각하지 않은 채 능력을 과대평가하여, 과도한 요구를 할 때가 있다. 능력 밖의 일을 요구하면 끊임없이 재촉할 수밖에 없다. 또한 때로는 아이를 과소평가하여 일을 못할 것이라고 속단하고는 기회를 주지 않는 바람에 아이의 의욕을 떨어뜨릴 때가 있다.

우리는 아이를 잘 이해해야 한다. 다른 사람과 비교하거나 부러워하지 말 것이며, 반대로 다른 사람을 업신여겨서도 안 된다. 그저 자신의 아이를 잘 관찰한 후 그 나이 또래면 뭘 할 수 있는지, 뭘 못하는지 또한 일을 할 때는 어떤 리듬인지, 장점은 무엇인지, 어떤 부분에서 더 노력을 해야 하는지를 살펴야 한다. 마음을 차분히 가라앉히고 아이를 진심으로 이해하면 아마도 우리는 "내 아이가 그렇게 뒤떨어지지는 않는구나. 할 수 있는 일도 많고, 빨리 할 수도 있구나."라는 점을 발견하게 될 것이다.

꾸물대는 아이
•
속 터지는 엄마

아이야, 고맙다!

• 엄마의 격려에 적극적인 아이가 돼요 •

우리 중 아이에게 "고마워!"라고 말하는 엄마가 얼마나 될까? 몇 사람이나 아이가 하는 일들을 보며 고맙다는 생각을 갖고 있을까? 아마도 "내가 엄만데 왜 아이에게 감사를 해야 돼?"라고 말하는 이도 있을 것이다. 우리가 아이들의 엄마로 아이에게 생명을 준 건 사실이지만, 아이가 점점 자라면서 아이로부터 감동을 받는 부분이 많은 것도 사실이다. 그렇다면 당연히 아이에게 '고맙다'라는 말을 할 수도 있지 않겠는가? 진심어린 고마움의 표현이야말로 아이에게는 큰 격려이자 상과 같은 존재이며 아이는 이를 통해 적극적인 성향을 갖게 되고 더는 머뭇거리지 않게 될 것이다.

한 유치원 선생님이 들려준 이야기다.

미술 시간에 아이들에게 커다란 백지 한 장을 주었어요. 탁자에서 종이를 집다가 손이 미끄러지는 바람에 종이 몇 장이 바닥에 떨어졌습니다. 반 친구 하나가 달려와 종이를 주워주더군요. 그래서 제가 "고마워!"라고 말했죠. 아이가 신이 나서 자기 자리로 돌아가더니 다른 친구에게 흥분해서 말했어요.

"선생님이 나한테 고맙대!"

자랑스러워하는 아이를 보면서 저는 불현듯 적절하게 아이에게 고맙다는 인사를 하면 그것도 아이에게 격려가 될 수 있겠구나, 라고 생각했어요.

집에 돌아간 후 여섯 살 난 제 아이에게 실험을 해봤어요. 딸이 제게 물 한 잔을 따라주기에 물 컵을 받은 후 말했죠.

"엄마에게 물도 따라 줄 줄도 아네? 정말 예쁘다, 고마워!"

휘둥그레진 아이의 두 눈에 놀라움이 가득했어요. 그 후 매일 퇴근하고 집에 가면 아이가 항상 물을 한 잔 따라 가져다 줬어요. 아이의 이런 모습에 전 마음이 훈훈합니다. 그것뿐만이 아니에요. 딸애가 전에는 그저 머뭇거리고 꾸물대기 일쑤였는데, 고맙다는 말을 듣고 난 후로 자신감이 생겼는지 더는 꾸물대지 않더라고요.

위의 이야기를 통해 우리는 '고마워!'라는 한 마디가 아이에게 얼마나 큰 힘이 되었는지를 알 수 있다.

사실 평소에 아이들은 우리를 위해 많은 일을 한다. 슬리퍼를 가져다주기도 하고, 제때 베란다의 빨래를 걷어주기도 하고, 심지어 외출할 때 문을 열어주기도 한다. 비록 아주 사소한 일들이긴 하지만 그때마다 우리가 고맙다, 라는 인사를 한다면 우리의 마음이 아이에게 그대로 전달될 것이다.

고마워하는 우리의 모습에서 아이는 자신의 소중함을 느낄 것이고, 자기 역시 엄마를 도와줄 수 있다는 사실을 알게 될 것이다. 그렇게 되면 아이는 더욱 적극적으로 자기가 할 수 있는 일을 찾고, 적극적으로 빨리 일을 마쳐 빨리 자라고 싶다는 자신의 바람을 표현하고, 지금 자신이 크고 있다는 것을 보여주고자 한다.

아이의 갈망을 소중하게 생각하자. 아이가 우리를 위해 뭔가를 해줄 때 큰 소리로 이렇게 말해보자.

"고마워!"

아이가 하는 사소한 일도 놓치지 말자

우리는 항상 바쁘다는 말을 입에 달고 산다. 업무상 처리해야 할 일이 많고, 일상의 집안일 역시 많다. 직장에서는 동료들과 좋은 관계를 유지해야 하고, 가정에서는 가족들을 돌봐야 한다. 우리는 항상 우리가 바쁘다고 생각한다. 그래서인지 자기도 모르는 사이에 많은 것들을 잊고 산다. 그 중 하나가 아이들이 우리를 위해 하는 행동이다. 아마도 우리는 기억하지 못할 수도 있지만, 아이들은 이런 자신의 모습을 기억한다. 우리 입에서 무심코 나오는 '고마워'라는 한 마디 말을 아이는 깊이 마음에 간직한다.

아이가 우리를 위해 해주는 일을 당연하게 여기지 않는다

"내가 낳고 기르는데 날 위해 아이가 이 정도 일을 하는 것은 당연한 것 아냐? 뭘 그걸 가지고 고맙다고 해?"

이런 생각을 가지고 있는 이가 있다면 그건 큰 오판이다. 아이에게는 격려가 필요하다. 착한 일을 했는데 이에 대한 표현을 하지 않으면 아이는 이런 일을 해도 그만, 안 해도 그만이라고 생각할 것이고, 결국 다시는 그 일을 하지 않게 될 것이다.

아이는 우리의 부속품이 아니다. 아이가 언제나 꼬마라고 생각해서는 안 되며, 더욱이 아이가 하는 일도 당연한 것이라고 생각하지 않도록 한다. 아이의 노동을 소중하게 생각하고, 아이의 감정을 존중해야 한다. '고마워'라는 우리의 한 마디는 아이의 행동에 자신감을 불어넣어준다. 아이는 일을 빨리 마치고 엄마에게 칭찬을 듣고 싶어 할 것이고, 우리는 또한 그로부터 무한한 기쁨을 느낄 수 있다.

적당하게 '나약함'을 표현하는 것도 요령이다

다섯 살 난 아들이 제법 튼튼해지자 남편은 항상 아이에게 이렇게 말했어요.

"꼬마 대장부가 됐으니 엄마를 많이 도와줘야지. 그리고 더 엄마를 보호해야 하고."

아빠가 이런 말을 한 후 아들은 더 이상 게으름을 부리거나 머뭇거리지 않아요. 게다가 언제나 엄마 일을 돌봐줍니다. 가령 엄마가 슈퍼에 가면 아이는 짐을 들어주기도 하고, 식사 전에는 상도 차리고, 엄마가 몸이 안 좋을 때면 지극정성으로 돌봐줘요.

저는 너무 기쁜 나머지 때로 아이의 보호를 받으려고 '연약한 엄마' 흉내를 냅니다. 하지만 매번 아들의 '도움'을 받은 후에는 '고마워'라는 말 한 마디를 잊지 않아요. 아들은 제가 고마움을 표시하면서 더욱 적극적으로 변했어요.

우리가 적당하게 '나약함'을 표시하는 것은 아이에게 표현의 기회를 만들어주는 것으로, 아이를 단련시키는 방법 중 하나다. 물론 '나약함'을 드러낼 기회를 잘 골라야 한다. 아이의 수용능력을 뛰어넘는 일을 벌여서는 안 된다. 아이의 나이에 맞게, 아이의 능력이 닿는 한도에서 도움을 구해야 한다.

'도움을 구하는 과정' 역시 신경 써야 한다. 명령식으로 아이에게 무엇을 요구할 것이 아니라 마치 친구에게 도움을 청하는 것처럼 말해야 한다. 예를 들면 아이에게 잔을 좀 가져다 달라고 할 때에도 "가서 잔 좀 가져와."란 말보다는 "잔 좀 가져다줄래? 고마워."라고 말해야 아이는 즐겁게 엄마를 도울 것이다.

꾸물대는 아이

•

속 터지는 엄마

너랑 의논할 게 있어

• '의논'을 통해 자발적인 아이가 된다 •

우리는 성인이기 때문에 아이보다 더 많은 것을 알고 있고, 더 성숙하다. 아이들은 이해하지 못하는 것들이 많다. 경험이 없기 때문이다. 바꿔 말하면 때로 우리는 무조건 아이를 '신뢰'할 수 없을 때가 많다는 이야기이다.

그러나 이는 다만 엄마의 생각일 뿐이다. 아이의 능력을 부정하고, 아이는 결정을 내리지 못한다고 생각하면서, 자신의 성숙함과 판단력을 믿은 나머지 많은 일을 우리가 결정한 후에 아이에게 명령을 내린다. 이런 식의 행동은 '악순환'을 낳는다. 아이는 언제나 우리가 만들어놓은 계획을 따라 하면서 점점 더 게을러지고 의욕을 잃는다.

한 남자아이의 일기를 소개한다.

나는 요즘 정말 기분이 나쁘다. 중학교 1학년이 되었는데 엄마는 아직도 날 어린애로 생각한다. 나는 집에서 발언권이 거의 없다. 취미반만 해도 그렇다. 나는 그림에 흥미가 없다. 친구들이랑 인라인 스케이트반에 들어가고 싶었다. 나는 엄마 뜻대로 그림반도 등록하고, 인라인 스케이트반에도 이름을 올렸다. 이 정도면 만족이다. 그런데 엄마는 나와 상의도 없이 인라인 스케이트반을 취소하고 그림반만 참석하도록 했다.

참을 수가 없다. 어떻게 엄마 마음대로 내 취미를 결정할 수가 있지? 내 의견은 물어보지도 않고, 합당한 설명도 없이! 그런 식으로 하면서 어떻게 취미반에 재미를 붙이란 것인지. 그러면서, 무슨 그림을 그려서 정서를 함양하고, 마음을 안정시키라고! 말도 안 되는 소리다.

나는 지금도 충분히 '안정'적이다. 너무도 '안정'적이어서 아무 것도 하고 싶지가 않을 정도다. 게다가 내게 행동도 느리고, 생각도 느리다고 하다니. 내가 왜 이렇게 되었는지는 생각해보지 않는단 말인가.

엄마가 과연 이런 아이의 호소에 귀를 기울였는지 모를 일이다. 아이를 존중하지 않는다면 아이는 마음속으로 이처럼 신경이 곤두설 것이니 분명히 심사숙고해야 할 일이다.

아이의 일은 되도록 아이와 상의한다

•

나이에 관계없이 우리는 아이의 권리를 존중해야 한다. 아이에 관한 일이라면 아이와 상의해야 한다. 이런 의견을 석연치 않게 생각하는 엄마도 있다.

"이제 겨우 유치원에 갔는데 뭘 알겠어요? 아이와 상의해도 소용없어요."

이는 잘못된 생각이다. 작은 예를 하나 들어보자.

> 어느 날 아침, 유치원 선생님은 평소 활발했던 치치가 고개를 푹 숙이고 교실로 들어오는 것을 발견했다. 이상하게 생각한 선생님은 치치 옆에 작은 걸상을 옮겨다가 앉고 물었다.
>
> "아침부터 왜 기분이 안 좋지?"
>
> 치치가 기분 나쁜 모습으로 말했다.
>
> "엄마 때문에 너무 화가 나요. 어제 내가 제일 좋아하는 슈퍼맨 장난감을 사촌동생에게 줘버렸어요. 그거 아빠가 사다준 지 얼마 안 된 건데. 어떻게 내게 물어보지도 않아요? 다른 장난감을 줄 수도 있는데!"

유치원에 다니는 아이가 정말 아무 것도 모른다고 생각하는가? 우리가 아이를 존중하지 않으면 아이는 울상이 되고, 심지어 치치처럼 화를 내기도 한다. 따라서 엄마는 아이의 일이거나 아이와 관계있는 일이라면 아이에게 알리고 나서 엄마의 의견을 말한 후 아이의 생각도 들어본다. 필요할 때면 자기 일에 대해 직접 판단하고 결정을 내리도록 하는 것도 아이의 적극성을 유도할 수 있다. 적극적으로 행동하면 더 이상 꾸물거리지 않을 것이다. 또한 자기가 결정한 일이라면 더욱 열심일 것이다.

집안일에 대해서도
아이의 의견을 들어볼 수 있다

•

아이는 몇 살이 되어야 명확하게 의견을 말할 수 있을까? 10대 아이가 경험한 일들은 무엇일까? 우리는 아이의 능력을 믿지 않기에 아이의 견해는 가정에 별 의미가 없다고 생각한다.

그러나 각기 다른 유형의 유치원을 돌며 실시한 조사 결과를 살펴보면 다시 한 번 깊이 생각할 만한 여지가 있다. 조사 결과에 따르면 가정의 의사결정에 자주 참가하는 아이들의 성격이 명랑하다고 한다. 그런 아이들은 타인에게 관심이 있을 뿐만 아니라, 매우 강한 집단의식과 책임감을 가진다. 문제에 부딪치면 자발적으로 생각하며 자신감이 강한 편이다. 이에 비해 가정의 의사결정에 참가하지 않는 아이들은 모두 자기중심적이며 단체의식이 없지만, 정작 일이 생기면 오히려 기다리는 습관이 있고 부모나 선생님에게 의지하기 때문에 일의 효율도 높지 않다.

따라서 적절하게 가정 일에 참여하도록 하는 것이 여러 면에서 아이의 성장에 이롭다. 물론 우리는 나이에 따라 아이가 참여할 수 있는 일을 결정해야 한다. 어린아이에게는 먼저 간단하고, 아이의 생활과 밀접한 관계가 있는 일에 참여토록 한다. 예를 들면 놀러가는 장소, 친구가 있는 집에 놀러갈 때 준비할 선물 등이다. 그보다 조금 더 큰 아이들은 생활 경험도 그만큼 풍부해지고, 사고도 발달했을 것이니 조금 더 어려운 일을 생각해보도록 할 수 있다. 예를 들면 방에 들어갈 책장의 색이나 디자인 등에 대해서도 아이의 의견을 물을 수 있다. 아이가 어느 정도 독립적인 사유가 발전하면 가정 내 어린 회계사나 총무로서 계산을 도와주거나, 장보기 목록을 쓰는 일 등을 맡길 수도 있다.

때로 아이에게 '하소연'을 한다

엄마가 아이보다 성숙한 것은 사실이다. 그러나 때로 우리 역시 '난제'에 부딪칠 수 있고, 한도 끝도 없는 고민에 빠질 수도 있다. 이럴 때면 배우자나, 부모 또는 친한 친구에게 고민을 털어놓을 수 있다. 그러나 한편으로 우리의 아이들에게도 적정선에서 이런 고민을 털어놓을 수 있지 않을까?

이렇게 한다고 해서 체면에 문제가 생기진 않는다. 이를 통해 아이는 엄마도 의지할 곳이 필요하다는 것을 깨닫게 된다. 적절한 선에서 엄마들의 고민을 아이에게 털어놓아보라. 때로 아이의 유치한 말이 우리에게 영감을 줄 수도 있을 것이다. 적어도 아이가 주는 기쁨으로 마음속 번민을 줄일 수 있을 것이다.

꾸물대는 아이

•

속 터지는 엄마

엄마 좀 도와줄래?

• 아이에게 창조적으로 움직일 수 있는 기회를 주세요 •

때로 우리 눈에 비친 아이는 '쓸 만한 구석이라고는 하나도 찾아볼 수 없는' 존재일 수도 있다. 엄마들 가운데는 항상 이렇게 투덜거리는 사람도 있다.

"우리 집 애, 공부하기 싫어하는 것은 그렇다 쳐요. 하루 종일 노는 데다, 집안일은 아무 것도 할 줄 몰라요."

또한 도무지 방법이 없다는 듯 이렇게 말하는 엄마도 있다.

"엄마 일을 자발적으로 돕기는커녕 자기 일을 할 때도 어찌나 꾸물거리는지 몰라요."

그러나 정말 이런 것들이 아이의 문제인지 곰곰히 생각해보자.

한 엄마의 말이다.

아들이 5학년이 되었어요. 처음에는 그냥 열심히 공부만 하면 되는 줄 알았죠. 그래서 아무 것도 안 시켰어요. 그런데 아이가 매일 집에 오면 그저 놀기만 하는 거예요. 공부하라고 하면 꾸물거리고요. 그런 아이를 보고 있으려니 어찌나 초조한지.

어느 날, 학교에서 돌아와서 평소처럼 공부한다고 앉은 애가 노닥거리며 시간을 보내는 거예요. 전 화가 나서 입에서 나오는 대로 마구 퍼부었어요.

"공부 안 할 거면 와서 엄마 대신 설거지 좀 해."

아들이 자리에 앉아서 잠시 생각하더니 다가오더군요. 아이에게 일하는 순서를 알려주고 설거지를 해보라고 했습니다. 옆에서 힐끗 살펴보니 정말 열심히 하더라고요.

그 다음 날, 학교를 마치고 집으로 돌아온 아이는 먼저 숙제를 하더니 부엌으로 달려와 물었어요.

"엄마, 내가 할 수 있는 일이 뭐야? 그릇 또 닦을까?"

놀라서 아이를 쳐다봤죠. 전에는 단 한 번도 자발적으로 날 도와준다고 나서지 않았는데 말이에요. 그래서 베란다에 나가 꽃에 물을 주라고 했어요.

그 후 아이는 매일 점점 부지런해지기 시작했습니다. 매일 꽃에 물을 주는 일과 개 산책 시키는 일을 도맡아 했어요. 때로 설거지와 채소 씻기를 모두 하기도 했고요. 그러면서 공부도 거르지 않고, 숙제도 더 열심히 했어요.

알고 보니, 내가 아이에게 일을 할 기회를 만들어준 것이 그처럼 큰 변화를 가져온 거더라고요.

이 엄마의 이야기를 듣고도 아이가 '쓸 만한 구석이라고는 하나도 찾아

볼 수 없는' 것이 아이 자체의 문제라고 말할 수 있을까? 그렇지 않다. 사실 우리는 자신부터 변화할 필요가 있다. 우리는 항상 아이가 공부를 싫어하고 일을 할 줄 모른다고 생각한다. 아이가 열심히 공부하길 원하기 때문에 집안일을 할 기회를 주지 않는다. 아이의 생활은 단조롭고 무미건조하다. 공부 아니면 노는 것이니 뭘 해도 흥이 나질 않고 아이의 행동도 자연히 꾸물거리게 된다. 그렇다면 우리는 어떻게 변해야 하는가?

적정선에서 아이에게 일정한 집안일을 맡긴다

능력에 맞는 집안일을 맡긴다면 아이는 스스로 자신이 가족의 한 구성원임을 실감할 것이다. 자신이 제법 많은 일에 대해 엄마를 도울 수 있다고 생각하면서 일종의 성취감을 느낄 수 있다. 이런 느낌을 갖게 되면 아이의 일하는 속도는 빨라질 것이다.

나이가 어린 아이의 경우에는 컵을 나르고, 젓가락을 건네는 정도의 일, 나이가 조금 더 많은 아이는 옷을 정리하거나 설거지, 방 청소 등을 할 수 있다. 때로 아예 집안일의 일부를 아이에게 고정적으로 맡길 수도 있다. 이는 아이의 책임감을 길러줄 수 있는 좋은 계기가 된다.

물론 이런 '임무'를 부여할 때는 아이의 능력을 고려해야 한다. 어떤 아이들, 특히 남자아이들은 '영웅주의'적 생각 때문에 일을 할 때 허세를 부리기도 한다. 따라서 될 수 있는 한 전체적인 상황을 고려해 아이의 능력에 따라 일을 맡김으로써 조금 위험하기도 하고 실제 실천하기에도 역부족인 일은 우선 멀리한다. 그러나 비록 아이에게 직접 시키진 않는다 해도, 지켜볼 수 있는 기회를 만들어준다. 예를 들어 후드를 떼어내 닦을 때면 옆에서 조수 역할을 하도록 하면서 주의사항을 알려주는 식이다. 일종의 생활지식을 전달하는 시간으로 삼는 것도 좋은 일이다.

아이와 가사 일의 즐거움을 공유하라

러러는 집에서 부지런한 일꾼으로 엄마와 함께 많은 일을 한다. 전에 엄마는 러러가 집안일을 하면 공부에 방해가 되지 않을까 걱정했다. 그러나 지켜보니, 러러는 자신이 알아서 집안일과 공부를 적절하게 조정했다. 더구나 일을 하면서 엄마에게 모르는 것을 물어보고 엄마가 대답해주는 과정을 통해 장난기 많은 러러의 존재는 엄마에게 큰 기쁨이 되었다. 인내심을 가지고 가르친 엄마 덕분에 러러는 책에서 배울 수 없는 수많은 지식을 배우게 되었다. 엄마는 아이가 가정생활에 큰 기쁨을 느끼고 있음을 발견할 수 있었다.

우리는 아이에게 일을 시키면서 온갖 걱정을 한다. '할 수 있을까?' '오히려 번거롭기만 한 건 아닐까?' 그러나 이런 생각을 미리부터 할 필요는 없다. 아이가 모르면 우리가 가르쳐주면 된다. 러러와 엄마도 즐겁지 않은가?

아이와 함께 가사 일의 즐거움을 나누라. 그렇게 하면 짜증나는 마음도 자연스럽게 사라질 수 있다. 물론 아이가 가사 일을 도운 후에는 제때 '고마워'라는 말을 잊지 않는다. 이런 격려를 통해 아이는 더욱 적극적으로 행동하게 된다.

꾸물대는 아이

•

속 터지는 엄마

급하지 않아요

• '급하지 않다'는 것을 자꾸만 상기하며 리듬을 늦춘다 •

아이의 속도가 그리 늦지 않음에도 불구하고 우리는 항상 아이가 느리다고 생각하면서 자신도 모르게 아이에게 '빨리, 빨리'를 외친다. 그러나 사실 이는 엄마가 조급한 탓에 아이가 느리다고 생각하는 것이다.

아이가 아장아장 걸음마를 시작할 때 엄마는 아이를 붙들어주기도 하고, 멀지 않은 곳에서 잘 걷지도 못하면서 걸어보려고 애쓰는 아이를 지켜봤다. 그때, 우리는 아이에게 이렇게 말했다.

"천천히, 천천히, 아가! 천천히 와."

웃음을 머금은 표정과 부드러운 목소리에 아이는 따뜻함을 느끼며 웃는 얼굴로 엄마를 향해 다가왔다. 그때 광경을 떠올리면 절로 마음 깊은 곳에서 행복한 기분이 우러나지 않는가?

아이가 어릴 때는 뭐든지 천천히 하라고 당부했었는데, 점차 우리는 지나치게 아이를 재촉한다. 한 엄마가 이렇게 말했다.

"아이가 아주 어렸을 때는 아무 것도 모르잖아요. 그러니 당연히 천천히 가르쳐야죠. 하지만 점점 자랄수록 이해해야 되는 일이 많은데, 그렇게 어릴 때처럼 느려서 성공할 수 있겠어요? 꾸물거리는 나쁜 습관은 없애야 하잖아요!"

우리 역시 바로 이런 생각 때문에 그처럼 아이를 자꾸만 재촉하게 된다. 그뿐만 아니라 우리는 내심 아이가 우리의 요구만큼 따라주지 않으면 짜증이 나기도 한다.

그러다보니 아이를 재촉하다가 결국 나중에는 우리 자신이 더욱 조급해진다. 더구나 이런 식으로 아이를 재촉하면 아이의 리듬을 엉망으로 흩어놓게 됨에 따라 아이는 더욱 당황하고, 더욱 느리게 행동한다. 이처럼 양측에 모두 불리한 모습은 확실히 고쳐야 한다.

스스로 '조급해하지 말자'라고 되새긴다

'마음이 급하면 뜨거운 두부는 먹지 못한다'는 속담이 있다. 모든 일에 침착하게 행동해야 함을 이야기해주는 말인데, 이 말이 전혀 통하지 않는 엄마들은 자신에게나 아이들에게나 언제나 초조하다. 우리 자신에게 '조급해하지 말자'라고 자주 다짐을 해야 한다.

자신에 대해 조급한 마음을 없앤다면 집안일, 사회업무, 가족 돌보기, 특히 그 중에서도 아이를 자꾸 재촉하는 일이 줄어들 것이다. 마음이 가벼워야 일을 더 수월하게 할 수 있다. 자신을 향해 조급해하지 말자고 다짐을 하면 마음의 평온을 유지할 수 있다. 이렇게 해야 마음을 가라앉히고 일을 마주함으로써 더욱 훌륭하게 업무를 처리하고, 자신의 생활 및 전 가족의 생활을 편안하게 이끌 수 있다.

가능할 때는 아이의 속도에 우리를 맞출 수도 있다. 예를 들어 아이와 함께 외출할 때 엄마가 조금 느리게 걸으면 아이는 자연스럽게 우리에게 발걸음을 맞춘다. 집안일을 할 때도 아이와 함께 하면 아이 혼자 마지막까지 처지는 일이 없을 것이다.

그러나 아이에게 맞춰준다고 해서 사사건건 모두 아이에게 맞춘다는 뜻은 아니다. 원칙을 만들 필요가 있다. 꾸물대는 아이에게 끌려갈 것이 아니라, 아이가 너무 느릴 때는 적당한 교정도 필요하다.

여유로운 생활을 누릴 줄 알아야 한다

•

엄마 두 사람이 함께 이야기를 나누고 있었다. 그 중 한 엄마가 말했다.

"요즘 시간이 너무 빨리 가. 매일 일이 한도 끝도 없고, 너무 피곤해. 게다가 아들놈까지 신경을 쓰게 해! 무슨 일을 해도 얼마나 늑장을 부리고 꾸물거리는지! 그저 나만 안달이 나지."

다른 엄마가 웃으며 말했다.

"자기 생활이 너무 빡빡해서 그래. 그래서 그런 마음이 그대로 아이에게 전해지는 거야. 좀 쉬면서 자기 시간을 즐겨봐."

첫 번째 엄마가 손을 내저었다.

"그럴 시간이 어디 있어? 늑장부리는 아들만으로도 내가 움직여야 할 일이 얼마나 많은데."

첫 번째 엄마 말에 공감하는 엄마들이 많을 것이다. 엄마의 하루 일과가 너무 빡빡한 나머지 업무와 집안일이 이런 엄마들의 삶 전부가 되어버린 것 같다. 그러나 그럴수록 두 번째 엄마가 말한 바와 같이 자신을 분주하고 정신없는 생활로 몰고 갈 것이 아니라, 여유로움을 즐길 줄 알아야 한다. 우리의 긴장감은 그대로 아이에게 전달이 되기 때문에 아이의 생활마저 엄마의 영향 아래 엉망이 되어버릴 수 있다.

사실 '분주함 속에서도 짬을 내어' 자신의 생활을 잘 꾸려나갈 수 있다. 또한 바쁜 일과에서 시간을 내는 것 이외에도 집안일 같은 노동에 역시 재미를 더할 수 있다. 빨래를 개는 일도 속도를 늦추면 아이들이 다가와 엄마를 도와 함께 이야기를 나누며 일을 할 수도 있다. 다른 일에서도 마찬가지로 이처럼 훈훈한 광경을 연출할 수 있다. 엄마 자신이 나서서 이런 시간을 마련하는 법도 배워야 한다.

"적극적으로 행동하며 꾸물대지 않는 아이들은
언제나 자신의 시간을 합리적으로 이용하는 특징이 있다.
합리적인 시간 활용은 매우 바람직한 습관으로 이후 아이들이
사회생활을 하는데 이로운 점이 많다."

시간을 합리적으로 쓰는 아이

느림보에서 계획적이고 적극적인 아이로!

시간은 모든 사람에게 공평하다.

아이들에게도 하루는 똑같이 24시간이지만,

같은 시간 안에 거두어들이는 수확은 각기 다르다.

자신의 시간을 잘 관리하는 아이가 있는가 하면,

시간을 소중히 생각하지 않고 헛되이 흘러가게 하는 아이도

있기 때문이다.

아이의 시간 관리 능력을 키워줘야 시간을 효과적으로 이용하여

꾸물대느라 시간을 낭비하는 일이 없을 것이다.

누가 시간을 훔쳐갔나?

: 시간을 낭비하는 그릇된 습관 바로잡기

꾸물대는 아이

•

속 터지는 엄마

정말 일어나기 싫어!

• 늦잠은 금물! •

아이들은 늦잠자기 선수들이다. 엄마가 밥을 다 하고 몇 번을 불러도 뭉그적거리며 일어날 생각을 하지 않는 아이들이 많다. 이런 아이들 중에는 가까스로 자리에서 일어나긴 해도 얼굴을 잔뜩 찡그리며 엄마가 자기 꿈을 방해했다고 말하는 경우도 있다.

"따르르릉 따르르릉……."

알람이 몇 번이나 울려도 쉬안쉬안은 일어나려 하지 않았다.

"쉬안쉬안! 일어나, 밥 먹어야지."

"응."

쉬안쉬안은 이렇게 대답한 후 몸을 뒤집어 다시 잠을 청했다. 식탁에 수저를 놓고 고개를 돌린 엄마는 딸이 아직도 일어나지 않을 것을 보고 말했다.

"쉬안쉬안, 지금 안 일어나면 늦어."

"알아."

쉬안쉬안은 대답을 해놓고도 여전히 꼼짝하지 않았다.

"7시 10분이야."

"뭐? 7시 10분? 왜 빨리 안 깨웠어?"

쉬안쉬안이 이렇게 투덜거리며 황급히 옷을 입었다.

"얘는! 내가 몇 번을 불렀는지 알아? 자기가 안 일어나고서 어디서 엄마한테 짜증이야?"

쉬안쉬안은 엄마의 말을 들을 겨를도 없이 황급히 양치질을 하고 허겁지겁 밥을 몇 숟가락 먹은 후 학교로 향했다. 어떻게 해야 늦잠 자는 버릇을 고칠 수 있을까? 엄마는 정말 골치가 아팠다.

아이를 잠에서 깨우는 일은 만만치 않다. 왜 아무리 불러도 일어나지 않는 걸까? 매일 아이를 깨우느라 전쟁도 그런 전쟁이 없다. 아이들은 지각하기 일보 직전에야 간신히 일어나 후다닥 학교에 간다. 늦잠을 자면 학교에 늦을 뿐만 아니라 아침도 거르는 경우가 많다. 그런 습관이 몸에 배자, 아이는 신체의 바이오리듬에 혼돈이 생기면서 낮에는 수업시간에 연달아 하품을 하고 정신이 맑지 않아 집중해서 수업을 들을 수가 없었다. 그러다가 오히려 잠잘 시간에 정신이 또렷해지며 위장도 신호를 보내는데, 이런 습관이 오래되면 위염, 위궤양 등이 걸리기 쉽다. 밤에 자야 할 시간에 잠을 자지 않으면 아이의 신체 내 각종기관이 충분한 휴식을 거치지 못하면서 체질이 약화되고 면역력이 떨어진다. 늦잠을 자는 아이들은 이처럼 건강에 위협을 받기 때문에 반드시 나쁜 습관을 고쳐야 한다. 그렇다면 늦잠 자는 습관은 왜 생기는 것일까? 어떻게 하면 이런 아이의 습관을 고칠 수 있을 것인가?

먼저, 늦잠 자는 불량한 습관을 고친다

알람이 울리고 엄마가 말했다.

"더우더우, 어서 일어나."

더우더우가 멍하니 눈을 뜨더니 엄마를 쳐다봤다. 엄마는 졸음이 가득한 눈으로 더우더우를 부른 후 다시 잠을 청했다. 더우더우 역시 일어날 생각이 없었다. 엄마도 일어나지 않았다. 마치 먼저 일어나면 조금 '억울하다'는 생각을 하는 듯했다. 더우더우가 몸을 뒤척이다가 계속 잠을 청했다. 역시 마찬가지로 꾸물거리다 조금 후에 일어난 엄마는 아직도 더우더우가 자고 있는 모습을 보고 아이를 재촉했다.

"더우더우, 늦겠다. 빨리 학교 가."

더우더우가 시계를 들여다봤다. 정말 시간이 많이 지나있었다. 하는 수없이 더우더우는 세수를 하고 책가방을 메고 학교로 향했다.

주말이 되었다. 엄마는 일어났지만 더우더우는 계속 자고 있었다. 엄마가 아무리 불러도 아무 것도 들리지 않는 것 같았다. 간혹 짜증나는 목소리로 이렇게 말할 때도 있었다.

"주말인데 좀 더 자게 내버려 둬!"

늦잠 자는 아이들 대부분의 경우 엄마 역시 그런 습관이 있다. 엄마 자신도 늦잠 자는 습관이 있으면서 아이에게 시간에 맞춰 일어나라고 한다면 아이는 공평하지 않다고 느낄 것이다. '엄마도 안 일어나면서 왜 날더러 이렇게 일찍 일어나래?' 결국 아이는 엄마가 자신을 부를 때 일어나고 싶은 생각이 없기 때문에 그렇게 최후의 순간까지 자꾸만 늑장을 부리다가 황급히 학교에 간다.

따라서 늦잠 자는 아이의 습관을 고치려면 먼저 엄마가 일찍 일어나 모범을 보여야 한다. 그래야 아이도 기꺼이 늦잠 자는 나쁜 습관을 버리려 할 것이다.

음악으로 아이 깨우기

'하루의 계획은 아침에'라는 속담이 있다. 만약 아이가 매일 늦잠을 자느라 야단을 맞는다면 아이는 불쾌한 마음으로 그날의 공부와 생활을 시작할 것이다. 곤히 잠들어있을 때 갑자기 깨우면 불쾌한 기분을 느끼는 아이들을 위해 음악을 활용해보는 것도 무방하다.

아이가 일어날 때 부드러운 음악을 틀어 천천히 잠에서 깨어나도록 한다면 아이의 정서를 키워줄 뿐만 아니라 흐뭇한 마음으로 자리에서 일어날 수 있기에 아침기상이 더 이상 괴로운 일로 받아들여지지 않을 것이다.

재미있게 아이 깨우기

매번 늦잠을 자는 룽룽을 깨우는 일이 만만치가 않다. 어느 날 아침, 한참을 불렀지만 룽룽은 일어나려 하지 않았다. 엄마는 그 순간 룽룽이 손오공을 좋아한다는 생각이 떠올랐다.

"졸음요괴가 나타났네! 손오공께서는 어딜 가셨을까?"

이 소리에 정신이 번쩍 든 룽룽이 말했다.

"여기요!"

"졸음요괴를 물리쳐라!"

룽룽이 침대에서 벌떡 뛰어 일어나 손오공 흉내를 내자 '졸음요괴'가 도망가 버렸다.

아이를 깨울 때 소리를 질러서는 안 된다. 소리를 지르면 아이들은 일어나기는커녕 오히려 화가 나서 더 늑장을 부릴 뿐이다. 농담을 던져 아이를 즐겁게 해준다면 아이는 쉽게 잠을 떨칠 수 있다.

꾸물대는 아이

•

속 터지는 엄마

에이, 또 늦었네!

• 시간 약속 지키기 •

아이는 자아통제력이 약한 편이다. 시간개념도 확실하지 않아 행동에 두서가 없고 시간 약속을 지키지 않는다. 만약 엄마가 주의하지 않으면 아이에게 쉽게 늑장을 부리는 습관이 생길 수 있다.

선생님에게 또 전화가 왔다. 쉬안쉬안이 또 늦었다는 것이다. 이번 주만 해도 벌써 세 번째다. 선생님이 야단을 쳐도, 부모가 말해도, 아무런 효과가 없는 채로 쉬안쉬안은 계속 지각을 했다. 어떻게 해야 한단 말인가? 쉬안쉬안이 학교가 끝난 후 집에 돌아오자 엄마가 물었다.

"왜 또 지각했어?"

"시간이 그렇게 지난 줄 몰랐어. 길에서 한 할아버지가 태극권을 하는데 정말 멋있어서 잠깐 보고 간 것뿐인데……. 학교에 가보니 또 지각이라잖아."

등굣길에 태극권을 보느라 늦었다니, 정말 시간개념이 없는 모양이었다.
엄마는 손목시계를 사서 채워주며 쉬안쉬안에게 시계를 꼭 차고 다니라고 했다.
"앞으로 학교 다닐 때 시간을 잘 살펴. 절대 도중에 한눈팔지 말고. 안 그러면 또 늦는다! 매일 시계를 차고 다니면 시간에 주의하게 될 거야. 알았어?"
쉬안쉬안이 고개를 끄덕였다. 손목시계를 차고 다니면서 쉬안쉬안은 확실히 지각하는 일이 줄어들었다.

무슨 일에나 꾸물거리는 아이들이 있다. 학교 갈 때는 언제나 꼴찌로 들어가고, 다른 사람과 약속에서도 항상 사람들을 기다리게 한다. 어릴 때 몸에 밴 습관은 커서도 잘 고쳐지지 않는다. 시간개념이 없는 사람은 언제나 다른 이에게 좋은 인상을 남기기가 어렵다. 이에 엄마는 아이가 시간을 지키지 않는 나쁜 습관을 버릴 수 있도록 적절한 시기에 도움을 줄 수 있어야 한다.

그렇다면 어떻게 해야 이런 나쁜 습관을 고쳐줄 수 있을까?

아이에게 시간 엄수의 중요성을 일깨워준다

아이가 시간을 지키지 않는 것은 시간엄수의 중요성을 인식하지 못하기 때문이다.

한 번 나가 놀았다하면 제때 집에 돌아올 줄 모르는 남자아이가 있었다. 집에 돌아오면 가족들은 모두 저녁식사를 마친 시각이었기 때문에 엄마는 아이 때문에 다시 식탁을 차려야 했다. 어느 날 또 놀러나가는 아이를 보고 엄마가 말했다.

"6시 전에 반드시 돌아와야 해."

아이는 대답을 했지만 역시 또 늦게 들어왔다. 엄마와 아빠는 이제부터 아이 저녁식사를 남겨두지 않기로 결정했다. 주방에 들어간 아이는 먹을 게 아무 것도 없는 것을 발견했다. 엄마가 말했다.

"밥 먹을 시간 지났다."

아이는 쑥스러운 듯 고개를 숙였다. 그날 밤 아이는 아무 것도 먹을 수가 없었다. 그 후로 아이는 다시는 늦지 않았다.

시간을 지키지 않았는데도 매번 용서를 한다면 아이는 시간엄수의 중요성을 깨달을 기회가 없다. 우리는 '시간은 금이다'라는 말을 자주 한다. 시간 역시 기회처럼 절대 사람을 기다려주지 않는다. 언제나 시간을 어겨 다른 이를 기다리게 해서는 안 된다. 시간약속을 어기는 나쁜 습관이 생기면, 아이는 시간뿐만 아니라 기회도 놓치게 될 것이기 때문이다. 심지어 그보다 더 많은 것까지도 말이다.

아이에게 모범이 되는 모습을 보인다

•

엄마가 또 허둥지둥 신발을 신고 밖으로 나갔다. 엄마는 항상 시간을 어긴다. 출근시간보다 5분이 더 흐르고 난 후에야 사무실에 들어선 엄마는 미안한 표정으로 이렇게 말했다.

"죄송해요. 차가 막혀서."

엄마의 영향으로 먀오먀오 역시 자주 지각을 한다. 항상 조금 늦은 시간에 출발하는 바람에 학교버스를 놓쳤고, 하는 수없이 일반버스를 타고 학교에 갔다. 먀오먀오가 자주 늦기 때문에 선생님은 몇 번이나 먀오먀오의 부모님을 학교로 호출했다. 엄마가 학교에 올 때마다 선생님은 이렇게 말했다.

"앞으로 늦지 않게 어머니가 잘 지도해주세요."

그러나 스스로도 시간을 잘 지키지 못하는 엄마가 어떻게 먀오먀오의 습관을 고칠 수 있을까?

시간을 대하는 엄마의 태도 역시 아이에게 영향을 준다. 우리가 자주 시간을 지키지 않으면 아이도 그저 늘 있는 일이라 생각하고 시간개념이 흐려져 버린다. 이렇게 시간이 흐르면 아이는 점점 더 시간을 지키지 않는 나쁜 습관이 들 수 있다. 아이의 습관을 고치려면 우리가 먼저 모범을 보이며 시간을 잘 지켜야 한다.

엄마인 우리가 시간을 엄수하여 시간을 잘 지켜야 한다. 우리가 잘 해야 아이도 긍정적인 영향을 받을 것이다. 아이는 시간에 대한 엄마의 태도를 보고 시간을 소중히 여기며, 시간을 엄수하는 아이로 자란다.

아이가 지각을 했을 때 핑계를 대지 못하도록 한다

학교에 늦을 것 같으면 첸첸은 선생님의 꾸지람이 두려워 큰 소리로 이렇게 말한다.

"엄마, 늦을 것 같아. 엄마가 나랑 같이 학교에 가 줘."

결국 첸첸이 지각을 할 때마다 엄마가 같이 학교에 동행해 선생님에게 거짓말을 한 다음에야 첸첸은 선생님을 만났다. 그러나 엄마가 이런 식으로 '도와주는' 횟수가 늘어나면서 첸첸의 지각도 더욱 빈번해졌다.

첸첸의 아빠는 도저히 더는 이런 상황을 묵과할 수 없었다. 아빠가 첸첸의 엄마에게 말했다.

"첸첸을 도와준답시고 항상 거짓말을 하는 건 좋지 않아. 그렇게 하면 애는 점점 더 시간을 지키지 않을 뿐이야. 그리고 거짓말을 하는 것 자체가 나빠. 그것도 첸첸에게 좋지 않은 영향을 줄 수 있어."

엄마가 말했다.

"당신 말이 맞아요. 하지만 안 그러면 학교에 안 가려고 해서 그렇죠."

아빠가 말했다.

"선생님과 의논해 봐."

며칠 후 첸첸이 다시 지각을 할 것 같자 엄마에게 또 도움을 요청했다. 엄마가 선생님을 만나 이렇게 말했다.

"첸첸이 지각을 할 때마다 제게 거짓말을 해달라고 부탁해요. 앞으로는 그런 거짓말을 하지 않겠습니다. 앞으로 지각하면 첸첸을 혼내주세요."

첸첸은 선생님에게 호되게 야단을 맞은 후 집으로 돌아와 한바탕 대성통곡을 했다. 그러나 그 후로 첸첸은 다시는 지각을 하지 않았다.

아이들이 지각을 하지 않는 이유 중 하나는 선생님의 꾸지람이 두렵기 때문이다. 그래서 아이들은 지각을 할 것 같을 때 종종 엄마인 우리에게 도움을 요청해 선생님의 불호령을 피해가려 한다. 우리가 아이들을 위한답시고 핑계를 대는 것은 시간을 지키지 않는 아이의 습관을 조장할 뿐이다. 이는 잘못된 행동이다. 아이에게 자신이 잘못한 결과를 책임지고 마주하도록 해야 한다. 지각을 이유로 혼이 나면 이를 기억하고, 지각하는 습관을 버리려 노력할 것이다.

꾸물대는 아이
•
속 터지는 엄마

어디 뒀는지 모르겠네!

• 두서 있게 생활하기 •

"둥둥, 빨리 와서 밥 먹어야 학교 가지!"

엄마가 소리쳤다.

"엄마, 양말을 어디 뒀는지 모르겠어."

둥둥이 말했다. 엄마는 하는 수없이 둥둥에게 양말을 찾아줬다. 학교 가기 전 엄마가 말했다.

"책가방 살펴봐. 빼놓고 가는 것 없어?"

"아고, 숙제공책이 없네."

"공책이 없어? 어제 숙제 다 하고 어디에 뒀어?"

엄마의 물음에 답을 할 겨를도 없이 둥둥은 방으로 뛰어 들어가 난장판을 만들며 물건을 헤집다가, 책장에서 공책을 찾아 책가방에 집어놓고 허둥지둥 학교에 갔다.

"어찌된 애가 하루 종일 저렇게 칠칠맞게 흘리고 다니는지!"

엄마는 한숨을 내쉬었다.

곧잘 늑장을 부리고, 물건을 흘리고 다니는 아이들이 많다. 이것저것 잊어버리기도 일쑤고, 물건도 잘 잃어버리고, 심지어 다음 날 입고가야 할 옷, 학교 갈 때 가져가야 하는 교과서, 노트도 어디에 두었는지 알지 못한다. 아이가 일에 앞뒤를 분간하지 못하면 엄마는 아이를 쫓아다니며 이런 저런 당부를 할 수밖에 없다. 물건을 잘 챙겼는지부터, 잊지 말아야 할 일까지 챙겨주는 날이 하루하루 길어지면, 우리는 언제나 걱정이 끊이질 않고 아이는 엄마를 잔소리쟁이로 생각하게 된다.

그러나 우리가 아이를 위해 정리를 해주다보면 아이들은 이를 당연하다고 생각한다. 방이 어지럽혀있는 것을 보면 아이는 엄마가 왜 정리를 해주지 않을까 기분이 나빠진다. 물건을 찾지 못할 때도 역시 엄마가 자기 물건을 정리해주지 않았다고 원망하기도 한다. 이런 상황일 경우 엄마인 우리는 어떻게 해야 하는가?

매일 저녁 아이에게 다음 날 학교 갈 준비를 하도록 한다

•

아침마다 아이들은 시간이 부족하다. 빨리 일어나 옷을 입고, 씻고, 식사하고, 책가방을 챙겨 학교에 가야 한다. 만일 전날 학교 갈 준비를 해두지 않으면 더욱 바쁜 아침을 맞이한다. 따라서 아이에게 매일 숙제를 다 마친 후 교과서와 공책 등 등교에 필요한 물건을 책가방에 정리한 후 빠진 것은 없는지 점검해보도록 해야 한다. 점검이 끝나면 책가방을 일정한 자리에 둔 후 다음 날 직접 가져갈 수 있도록 한다. 그렇게 하면 교과서나 공책을 찾지 못하는 일이 벌어지지 않는다.

아이들은 아침에 바쁘면 바쁠수록 양말이나 옷을 잘 찾지 못한다. 아이가 잠자기 전에 다음 날 입어야할 옷을 꺼내 침대 곁에 놓아두면 다음 날 조급해할 일이 벌어지지 않는다.

아이가 목록을 작성하는 습관을 기르도록 돕는다

•

쩌루이는 주말에 다섯 가지 일을 하기로 했다. 엄마와 동물원가기, 숙제하기, 옆집 밍밍과 공놀이하기, 책 읽기, 할머니 집에 가기 등이다. 토요일 아침 일찍, 아이가 엄마에게 말했다.

"엄마, 이번 주말에 우리 데리고 동물원가기로 하지 않았어요?"

엄마가 말했다.

"숙제 다 했니? 숙제 다 하면 가자."

"주말에는 숙제가 적어요. 갔다 와서 해도 돼요."

"정말? 숙제 다 할 수 있다고 자신할 수 있어?"

"물론이죠."

쩌루이가 주먹으로 가슴을 치면서 말했다.

토요일 오전 엄마는 쩌루이를 데리고 동물원에 갔다. 동물원에서 돌아온 후 쩌루이는 밍밍과 공놀이를 하러 갔고, 이어서 집에 온 후 책을 읽었다. 일요일 아침, 엄마를 따라 할머니 집에 다녀오니 벌써 오후였다. 집에 오자마자 쩌루이는 방으로 가서 숙제를 하기 시작했다. 밤이 되어서야 숙제가 끝났다. 엄마가 말했다.

"어제 숙제를 다 했을 거라고 생각했는데. 오늘 밤에야 허겁지겁 숙제를 한 거야?"

"어제랑 오늘이랑 다 바빴잖아요."

"바빠도 일의 순서가 있는 거지. 급하고 중요한 일부터 먼저 하고, 주요하지만 급하진 않으면 뒤에 하고. 다른 일들은 시간이 있으면 하는 거고. 네게는 숙제가 중요하고도 급한 일 아니야? 숙제를 먼저 한 후에 다른 일을 해야지. 앞으로 할 일이 많을 때는 먼저 목록을 작성해서 중요하고 급한 일을 먼저 하도록 해."

쩌루이가 고개를 끄덕였다.

"네. 엄마 그렇게 할게요."

오늘 할 일은 무엇이고, 내일은 또 무슨 일을 해야 할까? 아이가 일을 하는데 두서가 없으면 할 일을 하나씩 열거하여 목록을 작성한 다음, 하나씩 실천하도록 지도하는 것이 좋다. 목록을 작성하여 일의 순서를 정해 그것에 따라 처리하는 것이다. 그렇지 않으면 급한 일보다 급하지 않은 일을 먼저 하느라 대부분의 시간과 에너지를 소비할 경우가 많다. 결국 정신없고 분주하면서도 일은 엉망이 될 때가 있다.

적당하게 두서없이 행동할 때는 아이를 '처벌' 한다

행동에 지나치게 두서가 없어 언제나 그냥 닥치는 대로 생각이 떠오르는 일을 하는 남자아이가 있었다. 그러는 바람에 아이는 책도 잘 잃어버리고, 입은 옷도 대충 여기저기 던져두었다. 엄마는 아이에게 주의를 줬지만 소귀에 경 읽기나 마찬가지였다. 학교를 갈 때면 아이는 교과서를 놓고 가거나, 복장에 문제가 생겨 엄마가 여러 번 학교로 '배달'을 가야만 했다.

어느 날 엄마는 아이가 또 숙제를 두고 간 것을 발견했다. 그러나 엄마는 가져다주지 않았다. 아이가 집에 온 후 엄마에게 말했다.

"엄마, 오늘 숙제 두고 가서 선생님께 혼났어요."

"앞으로 네 물건 잘 정리해. 여기저기 흘리고 다니지 말고."

아이가 고개를 끄덕였다. 그 후로 아이는 매일 잠자기 전, 등교할 때 필요한 물건을 챙기게 되었고, 행동에도 훨씬 두서를 갖추기 시작했다.

우리는 아이에게 많은 당부를 하지만, 아이들은 별반 주의를 기울이지 않는다. 그러나 이따금 작은 벌을 주면 오히려 깊이 기억하고 조리 있게 일하는 법을 배운다. 두서없는 아이에게 적절한 '처벌'을 내리면 아마도 생각지 못한 교육적 효과를 거둘 수도 있다.

꾸물대는 아이

•

속 터지는 엄마

컴퓨터 앞에 앉았다 하면 바람처럼 시간이 가네!

• 인터넷은 정한 시간에 •

21세기는 정보화시대다. 정보기술이 발전, 보급됨에 따라 사람들은 컴퓨터와 떼려고 해도 도저히 뗄 수 없는 생활을 하고 있다. 업무나 생활, 오락 모두 언제나 컴퓨터가 필요하다. 컴퓨터를 사용할 줄 모르는 사람은 문맹과 다름없다. 따라서 조건만 된다면 아이에게 컴퓨터 지식을 익히고, 고 효율적으로 인터넷 자원을 활용할 수 있도록 해야 한다. 그러나 인터넷은 사람들에게 편리함을 가져다주는 동시에 거대한 유혹도 함께 선사한다. 성인들조차 인터넷이나, 컴퓨터게임에 빠져드는 것을 보면 자아통제력이 부족한 아이들은 더 말할 필요가 없을 것이다.

열세 살 남자아이 빈빈은 컴퓨터게임에 흠뻑 빠져있다. 매일 숙제를 하자마자 후다닥 컴퓨터 앞에 앉아 게임을 즐겼다. 처음에는 엄마에게 컴퓨터로 공부를 한다고 했지만, 알고 보니 매일 밤 가족들이 모두 잠든 후 몰래 게임을 하고 있었다.

얼마 후 엄마는 선생님으로부터 전화 한 통을 받았다. 빈빈이 가끔 수업을 빠진다는 것이다. 아침 등교시간에 몰래 뒤를 따라간 엄마는 빈빈이 게임방으로 달려가 인터넷 게임을 하고 있는 것을 발견했다.

아이가 게임중독에 빠지면 정말 골치가 아프다. 게임중독인 아이들은 오랜 시간동안 습관적으로 사이버세계에 빠져들어 인터넷에 대한 의존성이 높아진다. 심할 경우 헤어나질 못하기 때문에 심리적으로나 행동에 있어 자기절제력을 상실해버리고 만다. 게임중독이 매우 심각한 문제라는 것은 모두 다 알고 있다. 그렇다면 어떻게 해야 아이들이 절제력을 가지고 게임에 중독되지 않도록 할 수 있을 것인가?

경솔하게 아이에게 게임금지령을 내리지 않도록 한다

어떤 이들은 아이들이 컴퓨터게임에 빠지는 것을 방지하기 위해 아예 인터넷 접속을 금지시키기도 한다. 그러나 금지시키는 것이 과연 가능한지가 문제다. 요즘 아이들은 컴퓨터에 능숙하기 때문에 설사 우리 아이가 하지 않는다 해도 다른 아이들이 이에 대한 이야기를 입에 올리면 호기심이 발동해 질문을 던지면서 다른 아이들과 게임방을 찾게 된다.

아이들은 천성적으로 호기심이 많기 때문에 금지하면 할수록 점점 더 게임방에 가고 싶은 마음이 생긴다. 당연히 인터넷 역시 금지하면 할수록 오히려 더 컴퓨터를 하고 싶어한다. 집에서 사용이 불가능하면 아이들은 몰래 게임방이나 다른 친구 집에서 인터넷을 한다. 그렇기 때문에 금지하기보다는 집에서 컴퓨터를 하게 하는 것이 감독하기 편하다.

컴퓨터를 아이 방에 두지 않는다

•

아이가 학습이나 자료검색을 쉽게 할 수 있도록 많은 사람들이 컴퓨터를 아이 방에 둔다. 그렇게 되면 컴퓨터 이용은 쉽겠지만, 절제가 불가능한 아이의 경우에는 상태를 파악하기 힘들다. 이는 아이에게 인터넷 중독이 될 기회를 제공하는 것이나 마찬가지다.

컴퓨터는 반드시 거실 등 가족이 공동으로 쓰는 장소에 두도록 한다. 그렇게 하면 일부러 아이를 감독하지 않아도 절로 가족들이 공간을 오고가는 사이에 아이는 긴장감을 느낄 수 있다. 아이는 이로써 게임에 대한 자제를 하며 불법사이트에 접속을 하지 않는 등 인터넷 사용을 절제할 수 있다.

아이와 인터넷 사용 시간을 약속한다

•

창창은 인터넷을 즐긴다. 한 번 접속했다 하면 몇 시간은 우습게 보낸다. 눈앞이 어른거릴 때까지 컴퓨터 앞을 떠나지 않는다. 엄마가 부르면 창창은 이렇게 말한다.

"이제야 시작했어요."

엄마가 말한다.

"벌써 두 시간을 해놓고 이제라고?"

창창은 그만큼 인터넷만 시작했다하면 시간이 가는 줄 몰랐던 것이다.

창창이 인터넷 사용을 절제할 수 있도록 엄마는 창창과 의논해 인터넷 이용 시간표를 만들었다. 나중에는 창창이 매주 두 번, 한 번에 한 시간을 넘기지 않겠다는 약속을 했다. 처음에는 자신을 절제하기가 무척 힘들었다. 시간이 다 되어가는 데도 더 놀고 싶었다. 그래서 엄마는 창창에게 타이머를 선물했다. 창창이 인터넷을 시작하면 엄마는 타이머 시간을 한 시간으로 맞춰두었다. 창창은 타이머가 울면 자발적으로 컴퓨터를 껐다.

아이가 절제하며 인터넷을 사용할 수 있도록 하기 위해 창창의 엄마는 아이와 상의하여 접속 시간을 정하고 또한 제때 아이가 시간에 맞춰 컴퓨터를 끌 수 있도록 했다. 주의할 것은 접속시간을 정할 때 반드시 아이와 의논해야 하며 일방적으로 규정을 만들지 않도록 한다는 것이다. 그렇지 않으면 오히려 아이들의 반항심을 불러일으키게 될 것이다. 의논을 통해 인터넷 사용 시간표를 작성하면 약속을 지키지 않을 경우 아이는 그것을 부끄럽게 생각하고, 죄책감을 가질 수 있다. 우리가 아이에게 시간이 다 되었음을 알려주면 아이는 비교적 쉽게 권고를 받아들일 것이다.

컴퓨터에 붙어사는 아이에게 좀 더 사랑을

아이가 자신을 절제하지 못하고 컴퓨터게임에 빠져있다면 컴퓨터게임과 자기절제력 부족이 관계가 있을 것이다. 그러나 아이가 인터넷세계에 빠진 채 현실생활에 관심이 없다면 또 다른 이유가 있을 것이다. 평소 충분한 사랑과 존중을 받지 못하는 아이들은 인터넷 채팅을 통해 불만을 털어놓고 싶어 한다. 또한 게임을 통해 성취감을 엿보고 싶은 마음도 작용한다.

따라서 게임을 즐기는 아이를 비난으로 일관할 것이 아니라 관심어린 시선으로, 소통을 통해 아이의 생각을 이해함으로써 우리가 아이를 사랑하고 있다는 사실을 느끼게 해주어야 한다. 아이가 현실에서 따뜻함을 느낄 수 있어야, 자연스럽게 게임 중독에서 빠져나올 수 있다.

꾸물대는 아이
•
속 터지는 엄마

시험 잘 보면 나 뭐 해줄 건데?

• '흥정'하는 아이의 습관 바로잡기 •

공부를 하라고 하면 아이는 언제나 이렇게 말한다.

"조금만 더! 이 만화만 다 보고!"

"30분만 더 놀면 안 돼?"

안 돼,라고 말하면 아이의 대답은 또 이런 식이다.

"20분, 아니 10분만 더 노는 건 괜찮지?"

공부를 하라고 아이를 재촉하면 계속 협상을 시도하는 아이의 모습에서 마치 우리 어른들을 위해 아이가 공부를 하는 것 같은 인상을 받는다.

기말고사가 다가왔는데도 량량은 매일 집에 돌아오면 텔레비전만 끼고 공부는 하려들지 않았다. 참다 못 한 엄마가 아이에게 말했다.

"량량, 곧 기말고사잖아. 책 좀 봐야 되지 않니?"

량량이 말했다.

"알았어, 엄마. TV 조금만 더 보고."

"TV만 보면 되겠어? 이번 기말고사 성적은 좋아야지 않아?"

"시험 잘 보면 나 뭐 해줄 건데?"

"뭐 갖고 싶은데?"

"PSP 게임기."

"게임기? 안 돼. 다른 거 말해봐."

"그럼 MP3. 음악도 듣고 영어공부도 하게. 그건 괜찮지?"

"좋아. 성적 잘 받아오면 엄마가 MP3 사줄게."

엄마는 어쩔 수 없다는 듯 아이의 요구조건을 들어주기로 했다.

엄마가 매번 량량에게 공부를 하라고 말할 때마다 량량은 조건을 내걸었다.

때로 엄마는 량량이 무엇을 위해 공부하는지 어리둥절할 때도 있었다. 갖고 싶은 걸 얻어내기 위해서 공부하는 건가?

아이에게 뭔가 요구를 할 때마다 아이는 왜 시원하게 대답을 하지 않는 걸까? 왜 이렇게 힘들게 하는 걸까? 사실 아이가 협상을 하게 된 저변에는 우리 교육방식의 문제점이 있다. 아이를 공부시키기 위해 때로 엄마는 "시험만 잘 보면 사고 싶은 것 다 사줄게."라고 말하거나 "숙제 잘 하면 내일 ○○○에 데려가 줄게." 등의 말을 한다. 이런 일이 반복되다 보면 아이는 '내가 열심히 공부하면 당연히 상을 받는다'고 생각하며, 우리가 뭔가 요구를 할 때마다 협상을 하려고 드는 습관이 자리 잡는다. 그렇다면 우리는 어떻게 하면 '협상'을 하려드는 나쁜 습관을 고칠 수 있을까?

아이에게 요구하는 방식을 바꾸도록 한다

•

아이가 '협상'을 즐기는 이유는 '좋은 것'을 얻고 싶기 때문이다. 여기서 '좋은 것'이란 물질적인 것이다. 물질적인 방법으로 아이의 학습을 격려하는 엄마는 늘 '시험 잘 보면 선물 줄게' '숙제 다 하면 놀러 가줄게' 같은 말을 입에 달고 산다. 그렇게 되면 아이는 언제나 우리에게 "시험 잘 보면 뭐 해줄 건데?" "숙제 다 하면 어디로 놀러갈 건데?"라는 말로 협상을 시도하기 마련이다. 이런 습관이 들다보면 아이는 점점 더 다루기 힘든 상태가 되어버린다.

아이에게 '협상'의 기회를 주지 않기 위해서는 요구하는 방식을 바꿔야 한다. 예를 들어 "이번 시험을 잘 봐서 네 실력을 보여줘야지."라든가 "숙제를 다 해야 친구들과 놀 수 있는 거야."라는 식이다. 이렇게 하면 아이는 엄마와 '협상'을 할 수 있는 여지가 없어진다. 이밖에 우리는 물질적인 보상을 정신적인 격려로 바꿀 수 있다. 예를 들어 아이를 안아준다든가, 찬사를 보내는 방식이 있다. 칭찬의 말로도 아이를 얼마든지 신나게 할 수 있다.

아이에게 협상의 결과를 받아들이도록 한다

•

루이루이와 엄마는 TV를 한 시간만 보기로 약속했다. 엄마가 말했다.

"이제 5분 남았네? 5분 뒤에는 TV 끈다."

루이루이가 말했다.

"엄마, 10분만 더!"

"안 돼."

"그럼 5분만! 5분만 더 보는 건 괜찮지?"

"안 돼. 이제 3분 남았다!"

"방금 엄마랑 말하느라 2분 지났는데 그럼 3분 더 보는 거지?"

루이루이는 자꾸만 엄마와 '협상'을 했다.

엄마가 말했다.

"네가 엄마에게 약속한 시간에는 TV 보는 시간까지 포함된 거야. 이제 2분 밖에 안 남았어."

루이루이는 더 이상 아무 말도 하지 않고 2분이 지난 후 엄마를 바라봤다. 엄마에게 타협의 여지가 없음을 알게 된 루이루이는 하는 수없이 TV를 끄고 공부를 하러 갔다.

만약 아이가 처음 우리에게 '협상'을 해왔을 때 양보를 하면, 매번 아이의 요구에 따라 '협상'을 하고 그 결과 종종 시간을 연장해주게 된다. 원칙은 반드시 지켜야 한다. 아이가 우리와 '협상'을 하느라 시간이 지체되고, 이로 인해 아이가 놀거나 쉬는 시간이 방해를 받거나 심지어 지각을 하는 바람에 선생님께 야단을 맞게 되어도 절대 마음이 약해져서는 안 된다. 우리는 아이에게 행동에 대한 결과를 책임지도록 해야 한다. 그렇게 하면 다시는 '협상'을 하는 일은 없어질 것이다.

공부가 '자신을 위한 것'이라는 생각을 확실하게 심어준다

•

공부에 관해 자꾸만 아이와 '협상'을 할 경우 아이는 '부모님을 위해 공부한다'거나 '상을 위해 공부한다'고 여기게 된다. 따라서 상을 받지 못한 아이는 기분이 나빠지기 마련으로, 우리는 이러한 아이의 심리를 반드시 고쳐야 한다. 아이에게 공부가 타인이 아닌 자신을 위한 것이며, 더욱이 '상'을 받기 위한 것이 아님을 깨닫도록 한다. 그렇게 해야만이 아이들은 최선을 다해 공부에 매진한다.

꾸물대는 아이

•

속 터지는 엄마

낮에는 항상 졸려!

• 밤새는 아이의 습관 바로잡기 •

밤새워 공부하고, 밤새워 놀고, 밤새워 책을 읽는 아이들이 있다. 그럴 경우 수면시간이 부족하기 때문에 낮 시간 공부에 집중할 수가 없다. 선생님이 수업을 하는 동안 아이는 연달아 늘어지게 하품을 한다. 저녁에 수면을 취하지 않으니 낮에는 언제나 졸음이 몰려온다. 결국 이런 상태가 악순환이 되어버린다.

"장팅! 장팅!"

선생님이 장팅의 책상을 두드리고 난 후에야 장팅은 정신을 차렸다. 수업시간에 얼마나 곤하게 잠이 들었는지, 선생님이 여러 번 부르고 나서야 정신을 차릴 수 있었던 것이다. 이렇게 수업시간에 잠이 들어버린 적이 벌써 일주일 사이에 두 번째다. 선생님은 이런 장팅의 모습에 눈살을 찌푸렸다. '대

체 왜 이러지? 왜 수업시간에 계속 잠을 자는 거야?'

선생님이 저녁에 장팅의 엄마에게 전화를 걸었다.

"장팅이 요즘 수업시간에 자꾸만 졸아요. 이번 주에도 벌써 두 번이나 완전히 잠이 들었고요. 밤에 잘 쉬지 못하나요?"

"자꾸만 밤을 새요. 빨리 자라고 해도 자꾸만 꾸물대고, 아침에는 못 일어나고요. 앞으로는 좀 빨리 재우도록 하겠습니다."

장팅은 밤 11시, 12시가 되어서야 잠자리에 들었다. 때로 침대에 누워서도 잠에 들지 못하고 계속 잡생각을 했다. 잠들기 전에 생각이 너무 많으면 잠이 들어서도 여러 가지 꿈을 꾸게 되고, 그 결과 대뇌가 충분한 휴식을 취하지 못한다. 결국 아침에는 잘 일어날 수가 없고, 설사 억지로 일어난다 해도 낮에 수업을 듣는데 집중을 하지 못했다.

부족한 밤 수면시간은 낮잠으로 이를 보충할 수 있다고 생각하는 사람이 있다. 그러나 사실 낮잠과 밤 수면은 질적으로 큰 차이가 있다. 밤새는 습관은 아이의 신체건강에 큰 해를 입힌다.

첫째, 밤새는 습관은 아이의 성장에 방해가 된다. 아이의 성장은 유전, 영양 등과 관련이 있지만 신체의 내분비와도 큰 관련이 있다. 중전두회, 시상하부 조직은 아동의 신체성장을 촉진시키는 성장호르몬을 분비한다. 그런데 이 성장호르몬은 주로 밤 열 시에서 새벽 한 시 사이에 분비된다. 아이가 숙면한 후 60~90분 동안 성장호르몬의 분비가 현격히 증가하는데, 이는 하루 분비량의 2분의 1에 해당한다. 아이가 오랫동안 밤늦게 수면을 취할 경우 성장호르몬의 정상적인 분비에 영향을 주고 이에 따라 신장의 성장에도 영향을 준다.

둘째, 자주 밤을 새면 아이의 면역력이 떨어진다. 아이는 밤에 숙면을 취해 신체의 피로를 풀면 잠에서 깨어난 후 온몸에 활력이 붙는다. 그러나 장기간 밤을 새는 아이는 정신이 흐려지면서 식욕감퇴, 체중감소 등의 현상이 나타날 수 있다. 늘 피곤하다고 느끼며 쉽게 감기나 기관지염, 알레르기 비염 등 질병에 걸린다.

셋째, 밤새는 습관은 아이의 지능발달에도 영향을 준다. 수면은 사춘기 이전 아이들에게 특히 중요하다. 밤을 새면 아이의 바이오리듬에 혼란이 생긴다. 새벽에는 정신이 맑지 못하고, 밤에는 잠들지 못하는 일상이 계속되면 아이의 지능발달에 영향을 주고, 결국 학습 성적도 떨어지게 된다.

이처럼 아이에게 악영향을 주는 밤새는 습관을 어떻게 하면 고칠 수 있을 것인가?

부모가 먼저 솔선수범한다

위안위안의 엄마는 TV를 즐겨보느라 밤마다 늦은 시각에야 잠이 들었다. 위안위안 역시 엄마를 따라 함께 TV 연속극이 끝날 때까지 잠을 자지 않았다. 또한 연속극이 끝나고 방으로 돌아간 후에도 아이의 머릿속은 온통 다음 화의 줄거리에 대한 상상으로 가득 찼다. 그런 다음 날이면 위안위안은 잠자리에서 일어나는 일이 너무 힘들었다. 하는 수없이 엄마가 몇 번이나 깨운 다음에야 가까스로 잠에서 깨어 학교로 향하지만, 수업시간에도 자주 졸기 일쑤였다. 수업을 받을 때 역시 위안위안은 자꾸만 연속극 줄거리가 떠올랐고, 이런 습관이 오래되다 보니 성적도 전과 같지 않았다.

어떤 이들은 밤새워 TV시청을 즐긴다. 이럴 때 어른들이 아이에게 "왜 아직도 안 자?"라고 말하면 아이들은 '어른들도 안 자면서 왜 날더러 자라고 그래?'라고 생각하며 불만을 가질 수 있다. 더구나 거실에서 시끄럽게 TV를 본다면 아이가 안정적으로 잠자리에 들 수 없다. 아이를 제시간에 재우기 위해서는 어른들이 먼저 솔선수범하여 밤을 새는 일이 없도록 한다.

아이를 위해 평온한 수면 환경을 조성한다

적잖은 부모들이 아이의 침실을 아름답게 꾸민다. 그러나 방의 색채가 너무 강하면 쉽게 안정을 취할 수 없다. 아이들은 침대에 누워도 쉽게 잠이 들 수가 없다. 될 수 있는 한 아이의 침실은 포근한 느낌을 줄 수 있도록 지나치게 강한 색을 쓰지 않는다. 또한 아이의 침실에는 컴퓨터, TV를 두지 않아야 밤에 TV시청을 하거나 게임하는 것을 방지할 수 있다.

잠자리에 들기 전에 아이에게 자극적이고 무서운 프로그램을 보여주거나 음식을 너무 많이 먹이면 안 되며, 지나친 운동도 삼가도록 한다. 또한 아이를 지나치게 혼내는 일이 없도록 한다. 아이가 평온한 마음을 유지해야 숙면에 들 수 있기 때문이다.

당연히 낮잠을 많이 재워서도 안 된다

쉽게 잠이 들지 못하는 아이 중에는 낮잠이 원인인 경우가 있다. 아이들이 밤에 숙면을 할 수 있도록 낮잠 시간을 조절하여 지나치게 많이 자는 일이 없도록 한다. 일반적으로 낮잠은 30분에서 1시간 정도가 적당하다. 낮잠을 많이 자는 아이가 밤에 숙면을 못하는 것은 당연한 일이다.

수면 전 취침 준비하는 습관을 갖는다

밤에 쉽게 잠이 들지 않는 아이를 위해 잠들기 전 준비 작업을 가르친다. 아이에게 매일 밤 잠자리에 들기 전 따뜻한 물에 발을 담그고 긴장을 풀도록 하면 숙면을 취하는데 도움이 된다. '먼저 마음이 잠들고, 다음으로 눈이 잠든다'고 했다. 아이가 생각을 너무 많이 할 환경을 만들어주지 말고 몸과 마음의 긴장을 풀도록 한다. 잠자리에 누운 후에는 책을 보거나 TV를 보지 않도록 한다. 잠시 편안한 음악을 듣게 하거나 잠들기 전 우유 한 컵을 마신다면 아이가 숙면을 취하는데 도움이 될 것이다.

모든 아이들이 같은 시간에 같은 분량의 숙제를 하는데

왜 우리 아이는 성적이 나쁜 것일까?

사실 이는 아이가 시간을 이용할 줄도,

자신이 무엇을 해야 할지도 모르기 때문이다.

따라서 엄마가 아이에게 합리적으로 시간을 이용하는 방법을 가르쳐

아이 스스로 실행 가능한 학습계획을 세우도록 지도해야 한다.

Chapter 6

계획표 작성하기

: 아이에게 합리적인 시간 활용법을 가르쳐라

꾸물대는 아이

•

속 터지는 엄마

공부는 어떻게 하는 거예요?

• 학습계획의 중요성 •

유가의 경전인 『중용』에서 이르길, "모든 일에 있어서 준비가 있으면 성공하고, 준비가 없으면 실패한다."고 했다. 아이에게도 계획을 세우는 일은 매우 중요하다. 계획을 세워 아이가 규칙적으로 생활하고 학습할 수 있도록 해야 한다.

아이마다 학습에 대한 자신만의 목표가 있어야 한다. 목표를 실현하기 위해서는 이를 뒷받침하는 학습계획을 세워야 한다. 학습계획을 세우면 다음 순서로 무엇을 해야 할지 생각할 필요가 없고, 다음에 해야 할 일을 결정하느라 갈팡질팡할 필요가 없기 때문에 꾸물거리며 공부를 미루는 일이 생기지 않는다.

계획에 따라 실천하면 아이는 학습과 생활의 리듬이 분명해진다. 학습, 휴식시간이 정해져있기 때문에 안심하고 공부하고 휴식을 취할 수 있다.

이렇게 점차 양호한 학습습관을 기르고 나면 더욱 효과적으로 시간을 이용하고, 효과를 높일 수 있다.

때로 아이는 학습계획을 세운 후 여러 가지 문제에 부딪칠 수 있다. 그럴 때마다 자기의 학습계획을 실천하기 위해 모든 방해와 어려움을 극복하려 노력하면서 또한 의지력을 키울 수도 있다.

연구조사 결과, 성적이 우수한 아이들의 공통된 특징이 있다. 바로 학습에 계획을 세우고, 꼼꼼하게 이를 하나씩 실천한다는 것이다. 학습계획이 아이의 학습에 얼마나 중요하며 얼마나 큰 원동력이 되는지 알 수 있는 대목이다. 학습계획은 바로 성공적인 학습의 핵심요소 중 하나이다. 이에 엄마로서 우리는 아이를 올바른 방향으로 지도하여 적절한 방식을 통해 아이가 학습계획의 중요성을 깨닫도록 해줘야 한다.

학습계획을 세우지 않으면 질서가 흐트러지는 것은 아이들의 자연스러운 현상이다. 그러나 부모가 '지나치게 열성적으로' 아이를 위해 모든 계획을 대신 세워준다면 이 역시 계획성 없는 아이를 더욱 엉망으로 만들어버리고, 그 결과 아이는 자신이 어떻게 공부해야 할지 감을 잡지 못한다.

하루 종일 분주하고, 시작했다 하면 몇 시간동안 계속해서 공부를 하는데도 결과적으로 이런 활동이 전혀 의미나 가치가 없는 아이들이 있다. 원인을 살펴보니 자신만의 학습계획을 세우지 않아 공부를 어떻게 해야 할지 모르고 있었음을 발견할 수 있었다.

내일은 개학날이다. 그런데 3학년이 되는 만만은 근심이 한가득이다. 여름방학 숙제를 다 하지 못했기 때문이다. 만만은 아침 일찍 일어나 숙제를 시작했다. 점심도 제대로 먹지 못했다. 엄마는 조금 마음이 아팠지만, 이 모든 것이 사전에 계획을 잘 세우지 못했기 때문이라는 것을 알고 있었다.

사실, 여름방학이 시작되자마자 엄마는 만만에게 수차례, 학습계획을 잘 세워서 여름방학을 재미있고도 의미 있게 보내라고 말했다. 그러나 이제 겨우 열 살짜리 만만은 놀기 좋아하는 천성을 억제할 수가 없었다.

만만은 입으로는 엄마에게 약속을 했지만, 실천에 옮기지는 않았던 것이다.

엄마는 더는 만만에게 똑같은 말을 되풀이하지 않기로 했다. 그저 이번 교훈을 마음에 새겨 학습계획이 얼마나 중요한지 깨닫게 할 생각이었다.

하루 동안 '분투'한 끝에 만만은 마침내 여름방학 숙제를 모두 끝내고 피곤한 모습으로 잠자리에 들었다. 만만의 방으로 들어간 엄마는 뜻밖에 딸의 책상 위에서 쪽지 하나를 발견했다.

"엄마, 다음에는 계획을 잘 세울게요."

엄마는 흐뭇한 미소를 지었다.

때로 우리가 아이에게 '학습계획의 중요성'에 대해 이야기하거나 아예 아이에게 계획을 세우도록 다그치면 아이가 오히려 염증을 내고 반항을 하는 경우가 있다. 만만의 엄마 같은 방법이야말로 아이가 직접 경험을 통해 학습계획의 중요성을 스스로 깨닫게 할 수 있다.

물론 아이가 '학습계획'의 중요성을 깨닫게 하는 방법은 여러 가지다. 예를 들어 몸소 성공사례를 들어가며 아이를 격려하는 방법이다. 아이는 '학습계획의 중요성'을 깨닫게 되면 하나씩 단계적으로 아이가 합리적인 학습계획을 세우도록 이끌 수 있다.

꾸물대는 아이

•

속 터지는 엄마

뭘 해야 하는지 저도 알아요!

• 구체적인 학습 임무 가르치기 •

엄마로서 아이에게 합리적인 학습계획을 세우도록 할 때는 먼저 아이와 함께 구체적인 학습내용들을 살펴보고 이를 하나하나 열거한 후 매일 얼마나 아이가 학습해야 하는지, 학습내용마다 대략 어느 정도의 시간이 걸리는지 파악하고 마지막으로 학습내용을 하루, 일주일 단위로 분배하도록 해야 한다.

이렇게 정한 학습계획이 합리적인지 아닌지는 학습내용이 얼마나 구체적으로 구성되었는지를 살펴야 한다. 우리는 일부 아이들이 열거하는 학습목표가 두루뭉술하게 분명치 않은 경우를 발견한다. 그럴 경우 실제 실천에 들어가면 좋은 효과를 거둘 수 없다. 이럴 때 우리는 학습내용을 구체적으로 정연하게 정리할 수 있도록 아이를 도와야 한다.

리하오는 이제 막 6학년이 되었다. 엄마는 리하오가 무난하게 '중점 중학교'에 입학할 수 있도록 학습계획서를 작성하도록 했다. 리하오는 엄마 말대로 바로 실천에 옮겼다. 계획서 내용은 다음과 같다.

월요일: 수학 복습

화요일: 국어 복습

수요일: 영어 복습

⋮

리하오가 계획서를 엄마에게 보여주었다. 엄마는 이처럼 계획서가 구체적이지 못하면 공부해야할 내용이 무엇인지 명확하지 않다고 생각했다. 엄마가 마음을 가라앉히고 말했다.

"아들, 네가 세운 계획도 괜찮은데 엄마 생각에 좀 더 구체적이면 좋겠는데? 종이랑 펜 좀 가져와 봐. 우리 같이 좀 더 구체적으로 계획을 짜보자."

모자 두 사람이 협력한 끝에 리하오의 일주일 학습계획이 완성되었다. 내용이 구체적이고 명료했다. 그 중 하루의 학습계획을 살펴보면 다음과 같다.

아침 6:30～7:00 영어 제2단원 "Where is the science museum?" 본문. hospital, cinema, post office 등 단어 암기

저녁 7:00～8:00 선생님이 내준 가정학습

저녁 8:00～8:30 휴식, 좋아하는 일 하기

저녁 8:30～9:30 수학 제2단원「분수곱하기」분수 곱하기 연산, 워크북 문제 풀기

저녁 9:30～10:00 국어 제5과 읽기. 교과서 중심내용 이해하기, 어려운 한자쓰기 연습. 키워드 의문점 각기 다른 부호로 표기

학습계획서가 구체적이지 않으면 아이들이 실제 학습에 들어갔을 때 목표가 뚜렷하지 않은 탓에 시간이 지체되면서 효과적인 학습이 이루어지지 않는다. 학습계획서의 학습내용이 구체적이면 실제 운용하기가 쉽고 효과도 극대화할 수 있다. 또한 구체적인 학습내용을 적어두면 아이가 직접 자신의 목표를 점검하기도 편리하다.

아이에게 구체적인 학습내용을 정리하도록 할 때 다음과 같이 세 단계로 나누어 시도해본다.

아이의 학습과목과 각 과목에 따른 분량을 파악한다

구체적인 학습내용을 열거하려면 아이의 학습과목, 예를 들어 국어, 수학, 영어, 도덕, 과학, 미술 등을 파악하고 각기 과목에 대한 분량을 정확하게 점검한다. 또한 중요도에 따라 순서도 정한다.

일반적으로 국어, 수학, 영어 등 주요과목에 대해 구체적인 학습해야 될 부분을 파악할 수 있다. 나머지 미술, 과학 등에 대해서는 아이가 스스로 시간을 조정하여 자신이 좋아하는 과목을 학습하도록 한다.

각 과목의 학습임무를 정리한다

•

아이가 학습해야 할 주요과목을 파악한 후 각 과목별로 학습해야 될 내용을 적어본다. 여기서 주의할 것은 반드시 구체적으로 작성해야 한다는 점이다. 그렇지 않을 경우 아이는 계획을 실천하는 과정에서 뭘 공부해야 할지 파악하지 못한다. 예를 들어 수학의 경우 공부해야 하는 단원명, 파악해야 하는 공식, 정리, 기본문제, 중점적으로 살펴봐야 할 연습문제 등이다.

각 과목별로 합리적인 학습 시간을 정한다

•

각 과목의 학습임무를 열거한 후 매일 학습기간, 과목별 · 임무별 학습에 걸리는 시간을 파악한 후 합리적으로 학습시간을 계획한다.

이밖에 아이마다 학습 상황이 다르기 때문에 공부해야 될 내용에도 역시 포인트가 있어야 한다. 포인트란 과목별 지식체계에서 중점이 되는 내용이다. 다음으로, 아이가 약한 부분을 파악하여 합리적으로 학습할 부분의 비율을 정해 유한한 시간과 정력을 요긴하게 사용한다. 아이는 학습의 포인트가 되는 내용에 집중해야 하는 동시에 일반 학습내용도 소홀히 할 수 없다. 이러한 방식으로 학습해야 전반적으로 좋은 결과를 얻을 수 있다.

꾸물대는 아이
•
속 터지는 엄마

아이를 '돌격대원'으로 만들지 마세요

• 매일의 학습량 정하기 •

공부를 할 때 '돌격대원'이 되었던 경험을 가진 아이들이 많다. 아이들은 자아통제능력이 약하다. 그렇기 때문에 일의 중요성에 따라 순서를 정하지 못하는 경우가 흔하다. 예를 들어 주말 숙제가 있을 때, 금요일 저녁에 모두 끝내고 주말 내내 신나게 노는 아이가 있는가 하면, 먼저 신나게 논 후 일요일 오후나 밤이 되어서야 숙제를 하느라 정신이 없는 아이도 있다.

이처럼 시간의 압박에 시달린다면 아이는 마음을 가라앉히고 차분한 마음으로 숙제를 할 수가 없다. 자연히 숙제 완성도도 높을 리 없다. 우리는 아이가 합리적으로 시간을 이용하여 최대한 학습과 놀이 두 가지를 모두 할 수 있도록 한다.

샤오제는 4학년이다. 여름방학 기간, 엄마는 공부는 나 몰라라 놀기만 하는 샤오제가 걱정스러웠다. 이에 엄마는 샤오제에게 적절한 숙제 몇 가지를 내주었다. 평소 일이 바쁜 엄마는 주말마다 샤오제의 일주일 학습 상황을 점검하기로 했다. 주로 숙제에 관련한 것이었다.

몇 주가 지났다. 매번 엄마가 검사할 때마다 샤오제가 숙제를 모두 했기 때문에 엄마는 안심을 했다. 어느 날, 엄마는 이웃과 이야기를 나누다 샤오제가 거의 매일 밖에서 놀고 있다는 것을 알았다. 그 말을 듣고 화가 난 엄마는 살짝 의심이 들었다. 숙제 검사를 할 때마다 문제가 없었는데, 대체 어찌된 일일까?

알고 보니 샤오제는 월요일에서 목요일까지는 밖에서 친구랑 놀면서 전혀 숙제에 손을 대지 않다가, 금요일 하루 동안 기를 쓰고 일주일치 숙제를 한꺼번에 해서 주말에 엄마에게 보여줬던 것이다.

이 소식을 들은 샤오제의 엄마는 방법을 바꿔 주말에 하던 검사를 매일 퇴근 후 하기로 했다. 그러자 샤오제는 더 이상 '돌격전'을 치르듯 숙제를 할 수가 없었다. 우리 엄마들은 이처럼 아이가 '돌격대원'이 되지 않도록 하루의 학습량을 정해주어야 한다.

아이를 위해 하루의 학습량을 정해준다

•

아이가 하루의 학습량을 정할 수 있도록 도와준다. 예를 들어 휴일이나 방학 기간 숙제의 경우 아이와 함께 쉬는 동안 숙제가 얼마나 되는지 확인한 후 하루 분량을 계산해 학습량을 결정한다.

아이를 도와 학습계획을 세울 때 매일 암기해야 하는 영어 단어, 숙어, 수학 문제, 국어 읽기 등의 횟수와 분량 등을 구체적으로 정한다.

매일 학습량을 정하면 아이는 구체적으로 꼼꼼하게 학습 부분을 체크할 수 있다. 이렇게 시간이 흐르면 절로 아이의 학습 습관이 길러질 것이고, 학습효과 역시 날로 향상될 것이다.

아이의 상황에 따라 학습량을 결정한다

아이들은 저마다 상황이 다르다. 아이의 학습현황, 수용능력 등을 고려하여 아이가 자신에 대한 정확한 분석을 내리도록 한 후 하루 학습량을 정할 수 있도록 한다.

만약 학습량을 너무 적게 잡으면 아이는 수월하게 학습을 마치고 이에 만족한 나머지 그 정도 수준에 머무르기 쉽다. 반면에 학습량을 너무 많이 잡을 경우, 아이는 적극적으로 학습에 임하지 않으면서 발전을 위한 원동력을 상실하게 된다. 또는 과다한 학습량을 빨리 완성하기 위해 대충 학습함에 따라 학습계획이 형식적인 수준에 머무르게 된다.

따라서 하루 학습량을 적당히 설계해야 '폴짝 뛰면 닿을 수 있을 정도'로 맞춘다. '폴짝 뛰기' 위해서는 아이의 노력이 필요하며, 이런 노력으로 목표에 이를 수 있다.

오늘 할 일을 내일로 미루지 않는다

•

오늘 해야 할 일은 반드시 오늘 모두 완성하여 내일로 미루지 않도록 한다. 아이에게 이런 관념을 심어주면 '가볍게, 그러나 때로 집중해서, 천천히 학습하다가도 때로 속도를 높여' 하루 학습의 흐름을 이어갈 수 있도록 아이를 유도할 수 있다. 먼저 정신을 집중해 빨리해야 할 것, 중요한 것부터 실천한 후 다시 시간을 내어 다른 일을 처리한다. 또한 아이들 스스로 당일 해야 할 학습을 모두 완성할 수 있을지 생각해볼 수 있도록 도움을 주어야 한다.

매일 아이의 완성도를 검사한다

•

아이가 계획에 따라 규칙적으로 하루 학습량을 마칠 수 있도록 매일 일정한 시간을 마련해 아이의 학습완성도를 검사한다. 이렇게 하면 아이는 잘못을 수정할 수 있을 뿐만 아니라, 아이의 학습을 독려하는 한편 적절한 제약을 가할 수 있다. 그렇게 시간이 흐르면 아이는 스스로 매일 정한 학습량을 완성하는 이상적인 습관을 길러 학습효과를 높일 수 있다.

꾸물대는 아이
•
속 터지는 엄마

정말 하루가 천천히 가요

• 하루 학습시간의 합리적인 배분 방법 익히기 •

모든 아이에게 시간은 공평하게 주어진다. 그러나 모든 아이들이 거의 비슷한 시간동안 학습을 하는데도 학습효과는 큰 차이를 보인다. 학습 속도가 빠른 아이는 학습효과가 뛰어나며 하루가 너무 빨리 간다고 느낀다. 이에 비해 하루 종일 힘겹게 공부를 하는데도 효과는 더디고, 시간이 너무 늦게 간다고 느끼는 아이도 있다.

수업시간을 충분히 활용하도록 한다

아이는 매일 대부분의 시간을 학교에서 보낸다. 수업시간은 각 과목의 주요 지식을 얻을 수 있는 가장 중요한 시간이다. 이런 수업시간을 충분히 이용하지 못하면 수업 시간 외에 아무리 많은 시간동안 보충을 한다 해도 수업시간에 선생님 말씀을 열심히 듣는 것만큼 효과를 거둘 수는 없다. 따라서 수업시간을 충분히 이용해야, 선생님의 수업 내용을 잘 이해하고 파악할 수 있으며 좋은 학습효과를 거둘 수 있다.

수업시간을 충분히 이용한다는 말은 집중해서 수업을 듣는다는 것을 의미한다. 선생님의 수업 리듬에 맞춰 선생님이 내는 문제를 스스로 생각해보고 문제를 분석적으로 해결하며, 선생님의 수업 내용을 이해하여 선생님이 내는 문제에 대한 대답을 구하도록 한다.

복습하기 편하도록 수업시간에 필기에 열중하는 아이들이 있다. 일반적으로 수업시간 필기는 일부 핵심적인 내용이나 어려운 내용, 의문사항 위주로 이루어진다. 그런데 수업시간에 필기에 열중하면 비록 기록은 상세하게 할 수 있지만, 동시에 수업에 대한 경청이 잘 이루어지지 않는다. 따라서 수업시간 필기는 간단하게 할 수 있도록 아이를 지도한다. 필기에 열중하느라 수업내용을 집중해서 듣는 일에 방해를 받아선 안 된다.

'약한 과목'에 대해 좀 더 시간을 할애한다

매일 학교가 끝난 후 선생님이 내준 학습임무 이외에 일정한 시간을 할애하여 당일 배운 내용을 소화할 필요가 있다. 이때 자신이 '약한 과목'에 좀 더 시간을 할애하여 이에 대한 학습을 강화하도록 지도한다. 아이들이 현재 학습 상태를 파악하고 자신의 구체적인 상황에 따라 약한 과목을 보충할 수 있도록 지도해야 한다.

아이들이 '약한 과목'을 공부할 때 아이와 함께 학습이 제대로 이루어지지 않는 원인을 분석하고, 해당 과목에 적합한 학습방법을 함께 찾아봄으로써 학습효과를 높일 수 있도록 한다. 이밖에 또한 두 가지 부분에 주의를 기울인다. 첫째, 순차적으로 학습한다. 시작하자마자 너무 많은 시간을 할애하면 아이는 쉽게 싫증 낼 수 있다. 둘째, 간단한 문제부터 풀도록 한다. 처음부터 어려운 문제를 풀면 시간낭비일 뿐만 아니라 아이의 적극성, 자신감에 타격을 줄 수 있다.

가장 좋은 학습 시간대를 충분히 이용하도록 아이를 돕는다

영국의 한 과학자의 연구에 의하면 학습 시간대가 학습시간보다 훨씬 더 중요하다고 한다. 좋은 시간대를 선택하면 학습에 있어 배의 효과를 거둘 수 있다는 것이다. 아이가 최적의 학습시간대를 충분히 이용해 시간대에 따라 다른 과목을 선택하도록 하면 아이는 훨씬 더 가벼운 마음으로 즐겁게 학습할 수 있다.

영국의 생리학자 에드거 에이드리언Adrian이 오랫동안 연구한 바에 의하면, 수학, 물리, 화학, 예술 등 학과는 오전이, 지리, 역사, 문학, 국어 등은 오후가 학습에 있어 최적의 시간이라고 한다. 오전 시간은 인간의 두뇌가 논리적인 사유를 펼치고 상상의 공간을 확대하기 때문이며, 오후 시간대는 기억력이 높아지기 때문이다.

아이들은 집중할 수 있는 시간대나 최적의 학습 시간대가 각기 다르다. 새벽과 오전에 집중을 잘 하는 아이가 있는가 하면 밤에 집중이 뛰어나고, 활발한 사유 활동으로 학습효과가 뛰어난 아이들도 있다. 또한 하루 종일 대충 비슷한 상태를 유지하는 아이들도 있다. 따라서 엄마들은 아이가 하루 중 최적의 학습 시간대를 찾아 이를 충분히 이용해 가장 뛰어난 학습효과를 거둘 수 있도록 도와줘야 한다.

아이에게 시간활용법을 가르친다

매일 계획된 시간 이외에 식사, 양치질, 청소 등을 할 때도 학교 수업과 관련된 영어듣기를 할 수 있고, 등굣길에 교과서 내용이나 시, 영어 단어를 암기할 수도 있음을 알려주도록 한다.

머리를 쓰면 '별 것 아닌 것처럼 보이는 시간'도 합리적으로 이용할 수 있고, 이런 시간이 쌓이면 제법 큰 효과를 거둘 수 있다.

꾸물대는 아이

•

속 터지는 엄마

공부하느라 토할 것 같아요!

• 문과형, 이과형 학습을 교대로 •

아이들이 공부해야 할 학습 과목이 나날이 증가하고 있다. 지식을 수월하게 습득할 수 있도록 우리는 아이에게 학습효과를 높일 수 있는 효과적인 방법들을 가르쳐야 한다. 바로 문과와 이과 과목의 교체 학습이다. 문과와 이과 교체학습이란 내용이 비슷한 과목을 함께 공부하지 말고 문과와 이과 공부를 서로 번갈아가며 학습한다는 뜻이다.

서로 비슷한 과목을 함께 학습하면 국부적인 뇌세포 내 물질 대사가 과다하게 증가하여 대뇌가 쉽게 피로를 느끼며 단조로운 학습으로 인해 빨리 싫증을 느낀다. 또한 대뇌 피질의 활동부위가 서로 근접해있기 때문에 내용이 중첩되면서 지식체계에 혼란을 가져올 수 있다. 따라서 적절하게 문과와 이과 과목을 교대로 학습하도록 한다.

양쯔는 6학년이다. 3개월 뒤면 6학년 전체고사가 있기 때문에 학습계획을 빡빡하게 세워 매일 열심히 공부하고 있다. 그러나 최근 한 차례 시험에서 좋은 성적을 거두지 못한 양쯔는 걱정이 태산 같았다. 왜 매일 열심히 공부하는데 성적이 이 모양일까?

엄마는 원인을 찾기 위해 양쯔가 집에서 공부하는 상황을 관찰하기 시작했다. 그 결과 양쯔가 한 번 공부를 시작했다하면 한 과목에만 집중하는 것을 발견했다. '국어와 수학을 번갈아 공부하면 피곤을 덜 수 있다'라는 이치를 잘 모르고 있는 것 같았다.

어느 날 엄마가 양쯔에게 물었다.

"매일 그렇게 공부하면서 안 피곤해?"

양쯔가 대답했다.

"괜찮긴 한데. 그냥 오랫동안 공부하면 머리가 좀 멍해지는 건 있어. 하지만 엄마 걱정하지 마. 열심히 할 거야."

엄마가 차분하게 설명했다.

"아이고, 착하기도 하지! 엄마는 우리 양쯔를 믿어. 그런데 오랫동안 공부하다보면 두뇌가 쉽게 피곤해지거든. 그럼 학습효과가 떨어진대. 그러니까 합리적으로 조절해서 두뇌를 활용할 필요가 있어."

"어떻게?"

양쯔가 관심을 보였다.

"일정 시간동안 공부를 한 후에는 긴장을 풀고 휴식을 가져야 내용을 더 잘 받아들일 수 있어. 그리고 또 한 가지 좋은 방법이 있는데, 몇 가지 과목을 번갈아가며 공부하는 거야. 예를 들어 30분 동안 국어를 했으면, 그 다음에는 수학을 하는 거지. 그렇게 대뇌가 휴식할 수 있는 여지를 주면 훨씬 수월하게 공부를 할 수 있다고 하더라."

양쯔가 신이 나서 말했다.

"응, 한 번 해볼게."

그 뒤로 양쯔는 몇 가지 과목을 번갈아가며 학습한 결과 전보다 공부가 훨씬 수월하게 느껴졌고, 학습효과도 많이 향상되었다. 이후 양쯔는 탁월한 성적으로 중점중학교에 합격했다.

위의 내용을 보면 교대 학습을 통해 학습효과를 높일 수 있음을 알 수 있다. 하루의 학습내용을 계획할 때 너무 오랜 시간동안 한 과목에 매달려있지 않도록, 또한 유사한 과목을 함께 공부하는 것보다 문과와 이과 과목을 번갈아가며 학습할 수 있도록 아이들을 지도한다.

대뇌 활동 규칙에 맞게 학습한다

공부를 할 때면 읽기, 듣기, 쓰기 등의 기능을 주관하는 대뇌 부위가 고도로 흥분상태에 이르게 된다. 그러나 대뇌의 각 부위가 활발하게 움직일 수 있는 시간은 한정적이다. 일정한 시간을 초과하면 대뇌가 피로를 느끼고 이에 따라 머리가 멍해지며 팽창하는 것 같은 느낌을 받는다. 이는 당연히 학습효과에도 영향을 준다. 생리학자들은 인간의 좌우 대뇌는 각기 분업을 하기 때문에 학습내용에 따라 움직이는 부위가 다르다고 말한다. 좌반

구는 논리와 추상, 우반구는 형상 사유를 한다.

따라서 공부를 할 때도 대뇌활동규칙을 고려하여 문과와 이과 과정을 교대로 학습한다면, 대뇌피질의 흥분상태가 한 부분에서 다른 부분으로 이동하므로 대뇌의 피로를 줄일 수 있다.

교대학습 방법을 지도한다

2006년, 류저딩은 1등으로 '홍콩과학기술대학교'에 합격하여 장학금으로 40만 홍콩달러를 받았다. 그는 자신의 학습 경험에 대해 다음과 같이 말했다.

"공부시간이 30분을 넘을 때면 한 과목에만 집중하지 않았어요. 제 책상에는 언제나 다른 과목 책이 놓여있습니다. 한 시간 30분동안 공부할 계획이라면, 대개 서너 개 과목을 준비합니다. 한 과목당 공부시간이 최대 30분을 넘지 않도록 말이죠. 실험 결과 인간의 대뇌가 새로운 정보를 받을 때 30분동안이 가장 원활하게 돌아가면서 최대의 학습효과를 보이다가 그 시간이 지나면 효과가 떨어지기 시작한다고 합니다. 그럴 때 계속해서 공부하면 효과가 반감되지요. 그때 과목을 바꾸면 대뇌 활동이 다시 활발해지면서 흥분상태에 이릅니다."

류저딩이 이처럼 탁월한 성적을 거둘 수 있었던 것은 바로 교대학습 방법 덕분으로, 다른 아이들 역시 한 번 시도해볼 만한 가치가 있다. 학습내용을 계획할 때 아이에게 교대학습을 권유해보도록 하자. 예를 들어 7시부터 30분 동안은 국어를, 그 후 7시 40분에서 8시 10분까지는 수학, 다시 8시 20분부터 8시 50분까지는 영어를 학습한다. 이렇게 하면 아이의 대뇌는 계속해서 최고의 상태를 유지하게 되고, 자연스럽게 폭발적인 학습효과를 거둘 수 있다.

아이가 교대학습의 장점을 느낄 수 있게 한다

학습에서 가장 중요한 것은 효과이다. 교대학습을 할 경우 아이들은 이런 효과를 기대할 수 있을 뿐만 아니라 그 과정에서 학습내용이 서로 섞이거나 지루해지는 상황을 방지할 수 있다.

오랫동안 문과, 이과 교대학습을 유지하면 아이는 각 과목의 성적이 동반 향상될 것이다. 또한 시험 전에 벼락치기 '돌격' 공부를 하거나 오직 시험을 위한 공부를 하지 않아도 된다. 심지어 일일이 시험에 신경을 쓸 필요도 없어지게 된다. 매일 매일이 모두 '돌격' 학습이기 때문이다. 이렇게 하면 아이는 더 이상 시험의 노예가 아니라, 실제 자신의 학습을 주도하는 주인이 된다.

꾸물대는 아이
•
속 터지는 엄마

왜 공부가 안 늘까요?

• 학습효과 확인에 따른 계획 조정하기 •

갈수록 해야 할 학습량이 늘어나면 반드시 학습계획을 세워야 한다. 학습계획은 공부해야 될 내용을 잘 구성하여 학습효과를 높일 수 있을 뿐만 아니라, 학습 목표를 실천하는 데에도 도움이 된다. 이에 아이들은 부모나 선생님의 도움을 받아 신학기에 학습계획서를 작성한다. 그런데 아이들은 학습계획서만 잘 만들면 모든 일이 끝났다고 생각하기 쉽다.

당연히 현실은 그렇지 않다. 아이들이 세운 학습계획서가 항상 큰 효과를 발휘하는 것은 아니다. 어떤 아이들은 학습계획을 단 한 주도 지속하지 못하고 흐지부지 끝내버리는 경우가 있다. 이유가 무엇일까? 이후 나타날 수 있는 여러 가지 상황을 고려하지 못한 채 학습계획을 세움에 따라 막상 계획과 현실이 맞지 않을 때 대책을 세우지 못하기 때문이다. 그렇게 되면 당연히 학습계획은 수포로 돌아가고 만다.

이러한 상황이 벌어지지 않도록 우리는 아이들에게 학습계획서가 만능은 아니며, 정기적으로 학습효과를 점검하여 원인을 찾고, 실제상황에 따라 계획서를 조정할 필요가 있음을 알려줘야 한다.

5학년인 후이팅에게 기말고사가 한 달 앞으로 다가왔다. 좋은 성적을 거두기 위해 후이팅은 먼저 학습계획서를 작성했다. 매일 학습량을 빡빡하게 구성하여, 교과서 이외에도 이와 관련된 다른 내용을 공부할 수 있도록 학습계획서를 작성했다.

후이팅은 자신이 세운 학습계획서에 만족하며 좋은 성적을 거둘 수 있을 것이라 기대했다. 그러나 계획을 실행한지 일주일이 지난 후, 좋은 학습효과를 거두기는커녕 피곤에 절은 자신을 발견했다.

어느 날 엄마가 후이팅에게 물었다.

"딸, 학습계획서가 중요하긴 해. 그렇지만 한동안 계획서대로 실천을 해보다가 효과가 없으면 이유를 찾아내 수정하는 일도 필요해."

후이팅이 말했다.

"계획을 잘 짠 것 같긴 한데……. 선생님이 복습을 해주기 시작하셨는데 내 복습계획하고 안 맞아."

엄마가 말했다.

"이유는 찾았어? 네 복습 진도하고 선생님 진도하고 안 맞으면 어떻게 해야 될까?"

"두 가지 다 놓칠 수 없어. 낮에는 선생님 진도를 따라가고, 저녁에는 다시 내 진도에 따라 공부하는 수밖에."

"그럼 양쪽에 모두 신경을 써야 되잖아. 피곤하지 않아? 당연히 학습효과도 떨어질 테고. 엄마 생각에는 선생님 계획이 좀 더 나을 것 같은데? 적당하게 네 계획을 조정해서 선생님 계획에 맞춰 봐. 그럼 공부를 훨씬 더 효율적으로 할 수 있을 것 같은데."

"응. 엄마 말이 맞는 것 같아. 선생님 복습 진도에 맞춰 내 계획을 조정해야겠어."

그 후 후이팅은 엄마 말대로 자기 학습계획서를 조정했고, 우수한 성적을 거두었다.

후이팅의 경험을 통해 우리는 학습계획서를 작성하는 일도 중요하지만 이를 실천할 때 여러 가지 문제가 나타날 수 있음을 알 수 있다. 엄마는 후이팅의 학습효과가 좋지 않음을 발견하곤 제때 원인을 찾았고, 그 원인에 따라 실천 가능한 제안을 했다. 후이팅은 이에 따라 학습계획을 실천 가능한 상태로 조정했고 그로부터 탁월한 성과를 거둘 수 있었다.

정기적으로 아이의 학습계획이 잘 이루어지고 있는지를 검사하고 문제가 있다면 원인을 찾아내야 한다. 이어 원인에 따라 계획을 조정하여 제때 계획서의 문제를 고침으로써 아이가 수월하게 계획을 실천할 수 있도록 한다. 학습방법이 바로 서면 학습효과도 올라간다. 천천히 우리의 도움과 지도 속에 아이가 스스로 계획서를 검사하는 습관을 들이도록 하면 아이의 학습은 한 단계 더 높은 수준으로 올라서게 될 것이다.

아이가 정기적으로 계획서의 실천여부를 점검할 수 있도록 돕는다

아이가 한동안 학습계획서에 따라 공부하고 나면 어른들이 나서 아이의 실천 상황, 효과 등을 점검해줄 필요가 있다. 예를 들면, 계획대로 실천이 이루어지고 있는가, 구체적으로 학습할 내용은 완성했는가, 학습할 내용을 완성하지 못했다면 이유는 무엇인가, 비효율적으로 구성된 부분은 무엇인가, 새로운 문제가 나타나지는 않았는가, 중점적으로 파악해야 할 새로운 내용이 생겼는가 등이다. 그런 후 아이의 구체적인 상황에 따라서 학습계획을 조정하도록 한다.

적시에 학습계획을 조정할 수 있도록 한다

학습계획서의 내용이 절대불변의 약속은 아니다. 처음 시작했을 때부터 한동안 계획대로 학습을 해본 후 학습효과를 점검해서 만약 효과가 좋지 않다면 원인을 찾아내 비효율적인 부분을 조정해야 한다. 계획을 조정할 때는 자신의 실천상황, 학습효과, 실제상황에 맞게 조정해야 한다. 예를 들어 아이가 파악해야 할 중요한 내용이 남아있다면 그 내용을 계획서에 집어넣는다. 만약 아이가 학습 임무를 끝마치지 못한 것이 계획을 지나치게 빡빡하게 세웠기 때문이라면 적절하게 시간을 조정해 시간에 맞춰 완성할 수 있도록 해야 한다. 아이의 계획과 선생님의 계획이 충돌한다면 먼저 선생님이 정한 학습 임무를 성실하게 완성하고, 여력이 있을 때 자신의 학습 계획서 내용을 실천하도록 한다.

아이에게 임의로 학습계획서를 변경하지 않도록 한다

때로 학습계획을 실천하는 도중에 병이 나거나 피곤할 경우 계획서 내용을 지키기 위해 무리하게 실천을 강요하지 말고 아이에게 쉴 수 있는 여유를 주도록 한다. 그렇지 않을 경우 아이는 높은 효과를 거둘 수 없을 뿐만 아니라 오히려 반감이 생기기 쉽다.

그러나 엄마 역시 쉽게 예외의 상황이라고 판단하여 수시로 계획을 변경하진 않도록 한다. 이는 아이가 계획을 실천하고, 훌륭한 학습 습관을 기르는데 좋은 일이 아니다. 일단 학습계획을 확정한 후 아이가 쉽게 계획을 변경하는 일이 없도록 한다.

꾸물대는 아이

•

속 터지는 엄마

이런 계획은 못 지켜요!

• 계획은 반드시 실천 가능한 것으로! •

학습에 대한 열망이 간절한 까닭에 처음에 계획을 세울 때 모든 시간을 빈틈없이 빡빡하게 설정하여 '지구전'을 계획하는 아이가 있다. 그러나 막상 실천하기 시작하면 계획을 모두 실행할 수가 없게 되고 그럴 경우 다음과 같은 핑계를 댈 수 있다.

"이런 계획을 어떻게 지켜요?"

그렇게 되면 아이는 쉽게 전혀 다른 반대 방향으로 행동하면서 계획서는 무용지물이 되기도 한다.

사실 이런 결과가 나타난 이유는 아이가 학습계획서를 작성할 때 '바라보기만 할 뿐, 도저히 도달할 수 없는' 목표를 세웠기 때문이다. 자신의 현실을 고려하지 않은 채 실천 가능성 따위는 생각지 않은 것이다. 이에 우리는 아이를 적절해야 아이의 능력과 상황에 맞추어 실천 가능성이 있는 계획서를 작성하고 이를 효율적으로 실행할 수 있도록 도와줘야 한다.

실천 가능한 학습계획이어야 아이에게 도움이 될 수 있다. 이는 아이에게 언제 무엇을 해야 하고, 이러한 일들이 자신의 학습목표를 실천할 때 어떤 도움이 되는지 알려준다. 천천히 학습에 대한 아이의 적극성과 열정이 살아날 수 있도록 유도해야 한다.

뤄윈은 열세 살이다. 중학교 입학시험 성적이 좋지 않아 중점중학교에 낙방했다. 엄마는 뤄윈이 좋은 교육을 받을 수 있도록 갖은 방법을 동원해 중점중학교로 전학을 시켰다. 그러나 중점중학교는 해야 할 과제가 너무 많고, 선생님의 수업도 난이도가 높았다. 학습을 따라갈 수가 없자 뤄윈이 엄마에게 말했다.

"공부해야 할 양이 너무 많아서 전혀 따라갈 수가 없어."

엄마가 말했다.

"초조해하지 말고, 우리 함께 학습계획서를 짜보자. 아마 네 공부에 많은 도움이 될 거야."

이에 모녀 두 사람이 학교 진도와 뤄윈의 실제 학습 상황에 따라 상세하게 학습계획서를 작성했다. 그들은 이용 가능한 시간을 모두 학습으로 배정했다. 뤄윈은 열심히 노력했다. 매일 밤 11시까지 공부해야 그날 계획한 학습을 경우 모두 마칠 수 있었다.

뤄윈은 기본기가 조금 부족한 편으로 단기간에 성적을 올린다는 것이 그리 쉬운 일은 아니었다. 어느 날이었다. 뤄윈의 방에 들어간 엄마는 아이가 책상에 엎드려 자고 있는 것을 발견했다. 엄마는 그제야 학습계획서가 지나치게 빡빡하게 짜여졌다는 생각이 들었다. 휴식이나 다른 활동을 할 수 있는 자유시간이 거의 없었던 것이다.

다음 날 엄마가 뤄원에게 말했다.

"뤄원! 공부는 점차적으로 조금씩 느는 거야. 우리 하루아침에 성과를 낼 생각을 하지 말자. 그건 너무 비현실적인 생각이야. 엄마가 생각하기에 요즘 학습시간이 너무 빽빽해. 다른 활동을 할 시간이 없잖아. 계획서를 다시 조정하는 것이 좋을 것 같은데. 쉬는 시간과 학습 시간을 잘 조절해서 배치해야 정말 학습효과를 올릴 수 있어."

뤄원도 수긍을 했는지 엄마와 함께 계획서 일부를 조정해서 자유 활동 시간을 비어두었다. 예를 들어 낮에 30분 쉬기, 저녁에는 30분 공부한 후 잠시 일어나 베란다에 나가서 심호흡하기. 학습 시간이 조금 길 경우 쉬는 시간을 가지고 자신이 좋아하는 일을 하기 등이었다.

그러자 전보다 한결 기분이 좋아진 뤄원은 계속 좋은 컨디션을 유지할 수 있었다. 학습에 대한 흥미도 점차 높아져서 효과도 증대되었다.

뤄원의 예를 통해 우리는 학습계획도 중요하지만 계획서의 효과적인 실천이 더 중요하다는 사실을 알 수 있다. 이에 아이가 학습계획을 완성할 수 없을 때는 시간을 내어 계획서가 자신에게 적합한지, 실천 가능성은 있는지 다시 한 번 점검해볼 필요가 있다. 불가능하다면 실제상황에 맞게 적절하게 조절해야 한다.

아이가 자아분석을 할 수 있도록 돕는다

•

학습계획서를 작성할 때 엄마는 아이의 학습과 생활습관을 유심히 관찰해야 한다. 선생님을 찾아가 아이의 학습 상황을 파악한 후 자아분석을 할 수 있도록 도와주면 아이는 자신을 정확히 인식하고 평가할 수 있다. 예를 들면 아이에게 자신의 학습현황, 사유습관, 수용능력, 수업 참가상황 등을 충분히 고려하도록 하는 것이다. 이렇게 하면 아이는 자신에 대한 분석을 통해 효과적이며 실천 가능한 학습계획을 세울 수 있다.

계획은 아이의 학습내용에 부합해야 한다

•

학습계획서는 반드시 아이의 학습내용에 부합되어야 한다. 그렇지 않을 경우 높은 효과를 거둘 수 없다. 아이가 당일 공부해야 하는 주요 과목이 수학인데, 학습계획서에는 영어라고 되어있다면 이런 계획서는 비현실적이다. 이에 우리는 아이가 계획서를 학습내용에 맞추어 작성함으로써 계획이 잘 실천될 수 있도록 도움을 줘야 한다.

학습내용이 다르면 학습방법도 달라야 한다. 많은 아이들이 아침에 암기가 잘 된다고 생각해 대부분 계획서를 짤 때 암기시간을 아침으로 잡는다. 그러나 연구결과, 어떤 내용을 기억했다고 해도 이어지는 뒷일이 방해가 되면 쉽게 기억에서 사라진다고 한다. 기억의 효과가 가장 좋은 시간대는 수면 직전이다. 잠이 들고 나면 더 이상 새로운 정보가 입력되지 않아 서로 견제하는 일이 없기 때문이다. 그렇기 때문에 암기는 가능한 한 잠들기 전 시간대에 계획하는 것이 좋다.

학습계획은 학교 진도와 일치해야 한다

아이들의 학습계획과 학교 진도 차이가 많이 벌어지면 아이들은 학교에서의 학습과 자율학습을 효과적으로 조합할 수 없고 당연히 뛰어난 학습효과를 거두기 힘들다. 그러니, 아이들이 학교 진도에 맞춰 자신의 구체적인 상황을 고려해 학습계획을 세우도록 지도한다.

휴식을 위한 자유시간을 만들도록 한다

일부 엄마들은 아이의 시간표를 식사와 수면을 제외하면 모두 학습으로 채우도록 요구하는 바람에 자유시간이 거의 없는 경우가 있다. 이처럼 지나친 요구는 오히려 아이들에게 심리적 장애를 가져다주기 쉽다.

따라서 우리는 아이들의 학습계획서 작성을 도와줄 때 반드시 쉴 수 있는 자유시간을 만들도록 해야 한다. 적절하게 긴장을 내려놓을 수 있어야 공부에 집중하여 좋은 학습 상태를 유지할 수 있다.

꾸물대는 아이
•
속 터지는 엄마

좋게만 보이는 다른 아이의 학습계획

• 우리 아이에게 맞는 계획 세우기 •

아이들에게 항상 이렇게 말하는 엄마가 있다.

"옆집 애 좀 봐라. 집에 오면 바로 책상에 앉잖아. 아빠, 엄마가 한 번도 공부하라고 재촉하지 않아도 항상 시험을 보면 3등 안에 들어. 넌 이게 뭐니? 본받아야겠다는 생각도 안 들어?"

우리는 자주 공부 잘하는 아이들을 들먹이며 아이를 훈육한다. 그 결과 학습 장려의 효과는커녕 오히려 아이는 짜증만 늘고 점점 갈수록 학습 욕구가 떨어진다.

엄마라면 누구나 내 아이가 공부를 잘 했으면 한다. 다른 집 아이가 학습계획서를 짜면 그 즉시 우리 아이에게도 적용하려 든다. 그 결과 아이는 공부에 대한 믿음과 적극성을 잃고 학습계획에 대한 실천도 도중에 포기해 버린다. 사실 다른 사람의 학습계획서가 내 아이에게 맞으리란 법은 없다.

실천을 통해 자신에 맞는 학습계획을 세워야 적은 노력으로도 큰 성과를 거둘 수 있다.

웨이차오는 5학년이다. 엄마는 웨이차오가 더 나은 성적을 얻을 수 있도록 학습계획서를 작성하게 했다. 이제껏 한 번도 학습계획을 짜본 적이 없는 웨이차오는 걱정이 이만저만이 아니었다. 아이는 엄마에게 도저히 계획서를 짤 수가 없다고 말했다.

후에 엄마는 친구를 통해 웨이차오와 같은 학년인 우등생의 학습계획서를 손에 넣었다. 엄마는 보물이라도 얻은 듯 우등생의 학습계획서를 웨이차오 앞에 내밀며 말했다.

"우등생 학습계획서야. 얼마나 대단하니? 이렇게 얻어왔으니 너도 이대로 하면 될 거야."

그 후 웨이차오는 엄마가 얻어온 계획서를 자기 계획서 삼아 열심히 실천했다. 그러나 얼마간 시간이 흐르자 학습에 대한 적극성은 사라지고, 숙제에도 게으름을 피우는 등 학습효과가 전만 못했다. 엄마가 화가 나서 소리쳤다.

"학습계획서까지 얻어다줬는데 열심히 안 해? 대체 어쩌려고 그래?"

웨이차오가 계획서를 엄마에게 내밀며 말했다.

"얘는 선생님이 낸 학습량도 모두 소화하고 남은 시간에 별도로 실력향상 문제를 풀잖아. 그런데 나는 선생님 수업 시간 내용도 다 이해가 안 된다고. 내가 어떻게 이런 실력향상문제를 풀어?"

웨이차오의 말을 들은 엄마는 그제야 자기 생각이 잘못되었다는 사실을 깨달을 수 있었다.

"엄마가 잘못 생각했네. 각자 상황이 다르니 학습계획서도 달라야하는데 말이야. 엄마랑 같이 이 계획서 참고해서 다시 네게 맞는 계획서를 만들어 보자."

엄마의 지도와 도움 아래 웨이차오는 자신의 실제상황에 따라 실천 가능한 학습계획을 작성했다. 이 계획에서 웨이차오는 선생님이 당일 가르친 내용을 소화하는데 더 많은 시간을 배정하고 여유가 있으면 별도로 실력향상문제를 풀도록 했다.

다른 친구의 학습계획서가 아무리 좋다 해도 내 아이에게 맞지 않을 수도 있다. 아이마다 특징이 있기 때문에 우리는 반드시 '내 아이에게 맞는 학습계획서'를 작성해야 한다. 절대 다른 이의 계획을 자기 아이에게 적용해서는 안 된다. 아이는 자신의 상황에 맞는 계획서를 작성해야 학습효과를 높일 수 있다.

아이의 생각과 뜻을 존중한다

가정교육을 하다 보면 종종 엄마의 취향으로 아이의 취향까지 결정하는 경우가 발생한다. 자신의 생각과 뜻을 아이에게 강제하는 것이다. 더구나 우리는 자신의 이러한 행동이 완전히 아이를 위한 것이라고 생각한다. 예를 들면, 이과나 공과 공부가 전망이 있다고 생각해서 어려서부터 아이에게 이과 학습에 몰두하도록 하고, 학습계획 역시 이과에 치중하며 과외 시간에 이과와 관계된 서적을 보라고 요구한다.

이런 생각이 좋을 수도 있겠지만 방법적으로는 그다지 옳다고 말할 수 없다. 우리의 생각과 희망은 그저 아이에게 참고로 제공하는 것일 뿐, 아이에게 강압적으로 이를 받아들이도록 요구할 수는 없다. 물론 아이 혼자서 학습계획서를 작성하게 하고 전혀 신경을 쓰지 않을 수는 없다. 지도, 관리의 입장에서 실제 자신에게 맞는 학습계획을 세울 수 있도록 도와줘야 한다.

아이의 실제상황에 따라 학습계획을 정한다

아이의 학습계획은 반드시 자신의 능력과 특징에 맞아야 한다. 어른 자신의 취향을 기준으로 삼아서도, 더욱이 다른 아이의 계획을 그대로 답습해서도 안 된다. 반드시 아이의 학습 수준, 능력, 집중력, 잘하는 것과 못하는 것을 기준으로 아이에 맞는 것을 선택해야 뛰어난 학습효과를 거둘 수 있다.

아이가 수학에 약한 편이라면 계획을 짤 때 수학에 시간을 좀 더 할애하는 한편 구체적으로 학습할 내용을 마련한다. 예를 들면, 매일 계산문제 5문항, 응용문제 5문항 풀이와 같은 식이다.

스스럼없이 타인에게 가르침을 청하도록 아이를 지도한다

다른 이의 학습계획은 그 사람에게 맞는 것으로, 내게 반드시 효과가 있는 것은 아니다. 이에 지나치게 우리 아이를 다른 집 아이와 비교해서도, 또한 무턱대고 다른 사람의 계획을 내 아이에게 적용해서도 안 된다. 우리는 아이가 친구들과 소통하고, 스스럼없이 친구에게 가르침을 부탁하여 학습계획 작성 방법이나 경험을 배우도록 이끌 수 있다.

아이마다 상황이 다르므로 자신에 적합한 길을 찾도록 해야 자신의 특성과 잠재능력을 발굴할 수 있다. 따라서 아이에게 다른 이의 학습계획은 그저 단순히 참고의 기능만 할 것이며, 자신의 상황에 맞춰 적합한 학습계획을 만들도록 해야 한다.

꾸물대는 아이

•

속 터지는 엄마

내 계획에 문제가 있어요?

• 학습계획을 세울 때 주의점 •

아이가 우수한 성적을 거두기 위해서는 반드시 실천 가능한 학습계획을 세워야 한다. 그러나 아이가 이러한 학습계획을 실행하는 도중 여러 가지 문제가 나타날 수 있다. 심할 경우 학습계획이 실패로 돌아가는 경우도 있다. 이에 학습계획을 수립할 때는 다음 몇 가지 점에 주의해야 한다.

학습계획은 구체적이면서 일정한 목표가 있어야 한다

•

학습계획을 세울 때 거창하기만 할 뿐 실속이 없는 내용을 나열하는 아이들이 있다. 막연하게 구체적인 목표도 존재하지 않는다. 이런 계획에 따라 움직인다면 좋은 효과를 거두기가 힘들다. 이에 우리는 아이의 학습계획서 작성을 도와줄 때 반드시 구체적이며 일정한 목표를 세울 수 있도록 주의를 기울여야 한다.

학습계획서에 과목과 시간을 기록하는 것만으로는 부족하다. 여기에 구체적인 '학습임무'가 있어야 한다. 아이와 함께 구체적인 학습임무를 하나씩 열거해야 한다. 예를 들어 영어는 단어, 구, 문형 같은 것들이다. 이어 매일 각각의 과목마다 대략 어느 정도의 시간이 걸리는지 계산한 후 학습임무를 매일 구체적으로 배분하여 한 주를 구성한다.

학습계획은 반드시 일정한 목표를 세우는 한편 아이의 실제 상황에 부합되어야 한다. 아이의 학습수준, 수용능력 등에 근거하여 합리적으로 학습할 내용을 배정한다. 예를 들면 아이와 함께 구체적으로 학습해야 하는 내용을 열거하여 이를 중요도에 따라 구분하고 아이가 잘하는 과목, 그렇지 못한 과목을 나누어 중점 학습해야 될 내용과 약한 과목에 좀 더 시간을 분배해야 한다.

계획서는 탄력적으로

•

개학과 동시에 아이들은 야심만만하게 학습시간, 학습내용을 기록한 학습계획서를 작성한다. 그러나 시간이 흐른 후 다시 학습계획서를 살펴보면 개학 당시와 비교할 때 학습효과에 큰 변화가 없음을 발견하는 경우가 많다. 학습 상황은 끊임없이 변화하는데, 고정불변의 계획서 하나로 어떻게 학습계획을 세울 수 있단 말인가?

많은 아이들이 학습계획서 하나만 작성하면 그것으로 충분하다고 생각할 뿐, 이후 발생할 여러 가지 문제에 대해서는 생각지 않는다. 하나의 학습계획서를 오랫동안 적용하다보면 계획은 형식적인 부분에 그치고 아이의 학습에 전혀 도움이 되지 못할 때가 많다. 학습계획서는 탄력적이어야 한다. 일정한 시간동안 계획서를 따라 공부한 후에는 계획이 잘 이루어지고 있는가를 살펴 효과가 없다고 생각할 경우 그 이유를 찾아 자신의 상황과 실천 여부를 살펴 이에 상응하는 조정이 필요하다.

실천할 수 있는 계획을 세운다

실천이 벅찬 학습계획서를 작성하여 아이에 대해 지나친 요구를 하는 엄마들이 있다. 더욱이 '일단 학습계획서를 세우면 이를 반드시 지켜야 한다. 설사 몸이 안 좋다거나 계획서에 따른 학습을 모두 마쳤다 해도 정한 시간까지 책상에 앉아있어야 한다'고 생각하는 이들도 있다.

그럴 경우 아이들은 '어차피 매일 밤 정해진 시간까지 앉아있으라고 하는데 그럼 엄마말대로 하지 뭐.'라고 생각한다. 결국 아이들은 점차 우리 요구에 따라 행동하는 것 같긴 하지만 학습에 대한 흥미와 적극성을 잃어버린 채 매일 소극적으로 책상 앞에 앉아있기만 할 뿐이다. 겉보기에는 공부를 하는 것 같지만 사실 마음은 어디에 가 있는지 모른다. 아이들은 이런 상황에서 좋은 학습효과를 거둘 수 없을 뿐만 아니라 심신의 건강에도 영향을 받는다.

따라서 학습계획서에 과도하게 많은 양을 담아서는 안 된다. 아이의 실제 상황과 수용능력을 고려해 하루의 학습량을 설정하는 한편 정확하게 학습과 휴식을 배정하여 아이가 스스로 시간을 조정하면서 흥미로운 일을 하도록 한다. 그렇게 해야 아이는 학습효과를 높여 더욱 탁월한 성과를 거둘 수 있다.

합리적으로 자유시간을 배정한다

때로 아이들의 학습계획에 문제가 발생하는 이유는 합리적으로 학습시간을 배정하지 못하기 때문이다. 일반적으로 학습시간은 두 종류로 나뉜다. 첫째, 필수 시간에는 주로 선생님이 내준 과제와 그날 배운 내용을 소화한다. 둘째, 자유 학습시간에는 교과서 이외의 지식을 학습한다. 이에 아이의 구체적인 상황에 따라 아이 자신이 필수 시간 및 자유 학습시간을 합리적으로 조정할 수 있도록 도와줘야 한다.

만약 아이가 선생님이 내준 과제와 그날 배운 내용에 대한 공부를 마쳤다면 교과서 외의 지식을 학습하도록 해당 시간을 조정할 수 있다. 아이의 기초지식 습득이 부족할 경우에는 그날 배운 내용에 시간을 할애해야 하며 이러한 기초 위에 교과서 이외의 지식을 학습하도록 시간을 다시 조정한다.

이밖에 아이가 탄력적으로 시간을 조정하도록 지도하여 시간 내에 집중하여 효과적으로 공부하고, 쉬는 시간에는 철저하게 긴장을 풀 수 있도록 해야 한다. 일정한 학습시간이 지난 후에는 적절하게 휴식을 취하는 등 학습과 휴식이 이상적으로 배합될 수 있도록 한다.

꾸물대는 아이

•

속 터지는 엄마

저는 커서 ○○○가 될 거예요

• 아이와 함께 세우는 장기계획 •

장기계획은 활동을 위한 원동력이다. 장기적인 계획을 세우면 전진을 위한 더욱 큰 힘을 얻을 수 있다. 마오쩌둥은 책을 읽을 때 '중국과 세계를 개조한다'라는 웅대한 포부를 품었으며, 주은래는 소년 시절 '중화민국의 부흥을 위해 책을 읽는다'라는 원대한 뜻이 있었다고 한다. 그들은 원대한 목표를 세우고 이에 대한 장기적인 계획을 세워 비로소 최종 성과를 거둘 수 있었다.

이에 엄마는 아이가 자신의 원대한 목표를 세우고 이에 대한 장기적인 계획을 세우도록 도와야 한다. 그렇게 해야만 아이는 자신이 노력해야 할 방향을 설정하고, 그러한 목표를 향해 끊임없이 전진할 것이다.

자오루는 올해 열네 살이다. 학업성적이 우수하여 반에서 학급위원직을 맡고 있다. 선생님도 자오루를 좋아하며, 친구들 역시 이런 자오루를 부러워한다. 지나치게 많은 찬사를 받아서일까, 자오루의 열정이 떨어지기 시작하면서 학업성적도 전 같지 않았다.
엄마는 자오루의 성적이 항상 우수했기 때문에 이를 매우 자랑스럽게 생각했다.
"딸! 나중에 커서 뭐할래?"
자오루가 잠시 생각에 잠겼다.
"훌륭한 변호사가 될 거예요. 미국 최고의 변호사인 클라렌스 대로우(Darrow, 미국 역사상 가장 위대한 변호사로 인정받고 있다-옮긴이)처럼 되고 싶어요."
엄마가 차분하게 말했다.
"뛰어난 변호사가 되고 싶으면 지금부터 준비해야지. 적어도 중점고등학교, 대학에 붙어야 변호사가 되고 나중에 네 꿈을 실현할 수 있어."
자오루는 엄마의 말에 깨닫는 바가 있었다. 그 후 자오루는 자신의 장기적인 목표, 즉 뛰어난 변호사를 목표로 삼은 후 단기적인 계획을 확정했다. 열심히 공부해서 중점고등학교에 입학하는 것이었다. 자오루는 다시 예전처럼 열심히 공부하기 시작했고, 성적도 계속 반에서 3위권을 유지했다.

거만해진 자오루는 전처럼 열심히 공부에 매진하지 않았지만, 엄마가 나서 이를 비판하거나 나무라지 않았다. 오히려 자신의 꿈을 말하도록 해서 학습을 향한 아이의 적극성을 불러일으켰다. 자오루는 엄마의 지도와 도움 아래 자신의 장기계획을 세우고 이어 단기계획도 확정하여 목표를 실현하기 위해 노력했다. 우리는 아이가 자신의 꿈을 만들고, 이러한 꿈을 실현하기 위해 장기적인 계획을 세울 수 있도록 도와줘야 한다.

아이의 원대한 포부를 무너뜨리지 않는다

아이가 잔뜩 흥분해서 자신의 원대한 포부를 늘어놓을 때 이렇게 말하는 엄마들이 있다.

"괜히 헛된 꿈꾸지 마. 애초에 불가능한 일이야. 어서 가서 숙제나 해!"

그 결과 우리의 한 마디 말이 아이의 꿈을 향한 싹을 잘라버리고 만다.

아이는 새로운 사물을 접했을 때 자연스럽게 꿈을 갖기 시작한다. 이럴 때 우리는 아이의 꿈을 긍정적인 시각으로 바라보며 보호해주고, 아이가 이에 대한 생각을 정리해 자신의 꿈을 실현하기 위해 준비할 수 있도록 도움을 주어야 한다.

아이가 "저 커서 과학자가 될래요."라고 말하면 어떻게 해야 할까.

우리는 "그렇게 큰 꿈을 가졌어? 엄마가 한껏 응원해줄게. 과학자가 되려면 무슨 준비를 해야 돼?"라고 물어본다. 이때 아이는 여러 가지 생각을 떠올릴 것이다. 물론 아이의 모든 생각이 다 정확한 것은 아니기 때문에 우리는 상세하게 아이의 생각을 살펴 꿈을 향한 아이의 발걸음이 순조로울 수 있도록 도와야 한다.

아이가 장기적으로 노력할 목표를 세우도록 지도한다

•

아이가 노력할 목표는 엄마인 우리가 원하는 것이 아닌, 아이 자신이 선택하도록 해야 한다. 그래야 아이들은 자신이 세운 장기적인 목표를 향해 적극적으로 반응하며, 한껏 노력을 기울이기 때문이다. 물론 우리 역시 아이의 천성과 흥미를 고려해 함께 장기적인 목표를 세워줄 수 있다.

아이의 장기적인 목표가 무엇이든 간에 우리는 아이가 이를 말할 수 있도록 격려하고, 정확하면서도 의미가 있는 목표를 세우도록 지도해야 한다. 물론 문학가, 과학자, 지리학자 같은 거대한 목표가 있어야 의미가 있는 것은 아니다. 사실 목표에는 귀하고 천한 것이 없다. 아이가 직접 자신의 목표를 세운다면 스스로 좀 더 열심히 노력하여 좋은 성과를 거둘 수 있을 것이다.

아이가 '장기적인 목표, 단기적인 계획 설정'을 할 수 있도록 도와준다. 다시 말해, 아이가 장기적인 계획에 따라 구체적인 단기계획으로 세세한 행동 방침을 세우도록 협조한다는 것이다. 아이의 장기 목표가 과학자라면 평소 과학적 지식을 많이 쌓고 이에 대한 관련 서적을 볼 수 있도록 단기적인 계획을 설정하는데 도움을 줄 수 있다.

아이가 장기적인 목표를 향해 첫발을 내딛을 수 있도록 격려한다

'모든 일은 처음이 어렵다'고 했다. 때로 아이들은 장기적인 목표를 세우고 나서도 말만 많고 실천은 하지 않을 때가 있다. 이에 우리는 아이가 용감하게 장기적인 목표를 향해 첫발을 내딛을 수 있도록 격려해야 한다. 첫발을 내딛어야 진짜 목표를 향한 발걸음이 시작되었다고 할 수 있다. 아이가 장기적인 목표를 향해 노력하는 과정에 엄마가 적절한 시기에 긍정적인 칭찬을 해주어야 아이의 자신감을 높여줄 수 있다.

아이가 시간을 너무 많이 낭비한다고

투덜거리는 엄마들이 많다.

아이들 역시 항상 자기 시간이 부족하다고 원망을 한다.

그렇다면 대체 누가 아이의 시간을 뺏어간 것일까?

그 원인을 생각해보면, 대부분 아이의 시간관념이 부족하여

시간을 효율적으로 이용하지 못하는 것이 가장 큰 이유임을 알 수 있다.

엄마는 먼저 합리적인 시간 이용이 얼마나 중요한지

아이에게 가르쳐야 한다.

내 시간은 내 마음대로!

: 아이의 시간 이용률을 향상시키자

꾸물대는 아이

•

속 터지는 엄마

제 하루는 25시간입니다

• 아이의 시간관념 정립하기 •

시간은 생명과도 같다. 더 많은 시간을 가진 사람이 더 많은 지식을 습득할 수 있다. 시간관념이 탁월해야 아이는 규칙적인 생활습관을 세우고, 학습효과를 높일 수 있다. 이에 우리는 아이가 시간관념을 정립할 때 가능한 시간을 이용해 의미 있는 일을 할 수 있도록 지도해야 한다.

중국의 물리학자 리정다오는 1957년 노벨 물리학상을 수상했다. 그 후 사람들이 너도나도 그에게 성공의 길에 대해 질문을 던졌다. 리정다오는 한참을 생각한 후 이렇게 말했다.

"사람들은 보통 하루가 24시간이라고 하지만, 제 하루는 25시간입니다."

다른 사람들에 비해 리정다오에게 매일 한 시간이 더 주어진다는 말인가? 사실 이 말은 리정다오가 시간을 활용하는데 매우 뛰어나다는 것을 의미한다.

현실적으로 아이들은 대부분 시간관념이 부족하다. 무슨 일을 하든 꾸물거리기 마련이다. 숙제를 할 때도 마찬가지다. 이 때문에 골치 아파하는 엄마들이 많다. 사실 우리는 자신의 상황에 맞게 아이가 올바른 시간관념을 갖게 함으로써, 합리적으로 시간을 이용할 수 있도록 도와줘야 한다. 그렇게만 된다면 그 아이 역시 리정다오와 같이 하루를 25시간으로 사용할 수 있게 될 것이다.

3학년인 자인은 숙제나 혹은 다른 일을 할 때 늘 열심히 노력하지만 속도가 느리다는 것이 큰 단점이다. 자인은 매일 밤 9시 30분 정도까지 숙제를 했다.

이런 상황은 시험을 볼 때도 계속되었다. 속도가 너무 느린 탓에 늘 문제를 끝까지 풀지 못했던 것이다. 그러나 푼 문제는 기본적으로 모두 정답이었다. 이렇게 정답률은 매우 높았지만, 앞서 말한 이유 때문에 성적은 늘 좋지 못했다. 시간이 부족하기 때문에 마지막 몇 문제는 답을 채우지 못하고 항상 그대로 제출했다. 그래도 자인은 이렇게 말했다.

"엄마, 사실 나 그 문제들도 모두 풀 수 있어."

이에 엄마는 늘 자인에게 시간관념이 얼마나 중요한지 강조하며, 일을 할 때 머뭇거리면 어떤 결과를 가져오는지 설명했다. 또한 엄마는 시간에 대한 긴장감을 갖도록 하기 위한 훈련을 시키기 시작했다. 예를 들어 자인이 뭔가를 할 때면 반드시 정한 시간 내에 완성하도록 했다. 이렇게 시간이 흐르면서 자인은 점차 시간관념이 명확해졌고, 행동 속도 역시 점차로 빨라졌다.

실제 자인의 문제는 바로 시간관념이 없다는 것이었다. 자인은 언제나 '급할 것 없어. 천천히 해도 돼. 잘만 하면 돼'라는 식이었다. 그 결과 문제는 열심히 풀었고 푼 문제에 관한 한 거의 모두 정답을 맞췄지만, 시간을 너무 많이 허비했다. 엄마의 훈련을 통해 서서히 자인은 시간에 대해 긴장감을 갖게 되면서 시간관념이 생겼고, 일의 효율도 높아졌다. 엄마는 반드시 아이의 시간관념을 키워줄 필요가 있다.

시간에 대한 의식을 심어준다

나이가 어린 아이들이에게 '시간'은 매우 추상적인 개념이다. 엄마는 아이의 시간의식을 일깨워줄 필요가 있다. 평소에도 우리는 '시간'에 대한 이야기를 될 수 있는 한 많이 해야 한다. 예를 들어 아침에 아이를 깨울 때는 "벌써 6시 반이야. 빨리 일어나야지." 아이를 학교에 보낼 때도 "벌써 7시 반이야. 30분만 있으면 수업 시작인데. 엄마 오후 4시 50분에 데리러 갈게."라고 말한다.

그러다 보면 아이가 이렇게 물어보기 시작한다.

"엄마, 지금 몇 시 됐어?"

은연중에 시간에 대한 의식이 생긴 것이다. 엄마의 영향으로 아이들은 자연스럽게 시간에 대한 의식을 갖게 된다.

정한 시간 내에 임무를 완성하도록 한다

•

아이가 무슨 일을 하든지 간에 우리는 아이에게 "시간 많지 않아, 빨리 해." "시간 되면 불러줄게."라고 말하지 않도록 한다. 이런 말은 아이가 시간관념을 갖는데 전혀 도움이 되지 않으며, 오히려 의존적인 성향이 형성되면서 합리적으로 자신의 시간을 이용할 줄 모른다.

이에 뭔가 일을 하기 전에 우선 아이가 최대한 노력하여 일을 완성할 수 있는 시간을 계산하여, 그 시간 내에 일을 완성하도록 한다. 이를 테면 15분 안에 옷을 입고, 10분 안에 침대를 정리하고, 10분 안에 양치와 세수를 끝내고, 30분 내에 아침식사를 마치는 것 등이다. 아이가 정한 시간에 임무를 완성하면 그때마다 격려와 칭찬을 아끼지 않도록 한다.

아이가 정한 시간 안에 임무를 완성하지 못하면 이에 대한 '처벌'을 한다. 예를 들어 저녁식사 시간은 오후 5시 반~6시, 만화영화 보는 시간이 6시 반~7시라고 하자. 어물거리다 정한 시간 내에 식사를 마치지 못할 경우 그만큼 만화영화 보는 시간을 줄인다. 아이에게 시간에 대한 긴장감을 갖게 하여 시간은 돌이킬 수 없다는 것을 각인시켜야 한다.

자투리 시간을 이용하도록 한다

•

동한 시대 학자인 동우董遇는 지칠 줄 모르는 학습으로 유명한 인물이다. 그는 '삼여(三餘, 세 가지 남는 시간 - 옮긴이)'을 이용해 학습했다. 여기서 '삼여'란 농사일이 없는 가장 한가한 겨울, 밭에 나가 일하기 힘든 하루 중 가장 한가한 밤, 외출하기 불편한 비 오는 날을 말한다. 사실 일상생활에서 아이들도 자투리 시간을 많이 활용할 수 있다. 예를 들어 학교를 오가는 시간, 차를 기다리는 시간, 잠자기 전 시간 등이다. 아이가 이런 자투리 시간을 잘 이용하고 이를 자신의 학습시간 사이사이에 합리적으로 배분하면, 이런 시간이 조금씩 쌓여 놀라운 시간적 여유를 누릴 수 있다. 아이는 그로써 많은 것을 얻을 수 있다.

저명한 수학자 화뤄겅(1910~1985, 중국과학원 원사 - 옮긴이)은 다음과 같이 말했다.

"시간은 초 단위로 쌓여갑니다. 자투리 시간을 잘 이용하는 사람이 더욱 큰 성과를 낼 수 있습니다."

아이에게 차량을 기다릴 때와 같은 자투리 시간을 이용해 본문이나 공식, 단어를 암기하도록 한다. 학교가 끝나고 집으로 돌아갈 때에도 여러 가지 사물을 관찰하면서 사고를 할 수 있다. 또한 잠들기 전에 그날 학습한 내용과 지식 등을 떠올리는 연습을 할 수 있다.

꾸물대는 아이

•

속 터지는 엄마

넌 시간을 너무 낭비해!

• 시간을 효율적으로 쓰지 못하는 아이 •

가정교육을 할 때 엄마들이 곤혹스러워 하는 문제가 있다. 아이가 하루 종일 공부만 하는데도, 겉으로는 열심히 하는 것처럼 보이는데도, 통 성적이 오르지 않는다는 것이다. 이유가 무엇일까? 아무리 생각해도 이해가 가지 않는다. 대체 뭐가 문제란 말인가?

사실 아이의 성적이 잘 나오지 않는 이유는 여러 가지가 있다. 그 중 가장 중요한 이유는 바로 학습효과가 저조하기 때문이다. 아이의 학습효과가 저조한 것 역시 여러 가지 문제가 있다. 이에 또한 가장 중요한 이유가 바로 시간활용효과가 매우 낮기 때문이다. 쉽게 말하면 시간을 이용할 줄 모른다는 것이다.

리양은 열세 살이다. 몇 달 후면 초등학교 전체평가시험을 봐야 한다. 리양은 반에서 중상위권으로, 중점중학교 시험 커트라인에 걸려있는 상황이다.
리양은 매일 열심히 공부했다. 아침 일찍 일어나 공부를 시작하고, 저녁식사를 한 후에도 공부방에 박혀 밤 11시까지 매일 공부했다.
그런데 학교에서 실시한 학력테스트에서 성적이 오히려 떨어지고 말았다.
엄마는 마음만 초조할 뿐, 그 이유를 알 수가 없었다. 며칠 동안 저녁에 리양이 공부하는 모습을 지켜봤다.
그 결과 엄마는 문제가 어디에 있는지를 발견했다. 매일 저녁 국어, 수학, 영어 세 과목을 공부해야 하는데 그때그때 기분대로 손이 가는 책을 잡아들고 공부하고 있었던 것이다. 리양은 수학 몇 문제를 풀다가 어려운 문제가 나오면 수학책을 내려놓고 국어 공부를 했다. 그러다가 다시 재미가 없으면 영어책을 보기도 했다. 모든 교과를 조금씩 다 보긴 하지만 수박 겉핥기식으로 대강만 공부를 하기 때문에 별반 학습효과를 거둘 수 없었던 것이다.
리양의 모습을 보고 엄마가 신기하다는 듯 물었다.
"아들, 엄마가 네 성적 올릴 좋을 방법을 생각했어."
리양은 신바람이 나서 놀랍다는 듯 물었다.
"무슨 방법인데요?"
엄마가 차근차근 설명했다.
"매일 저녁 우리 아들이 공부할 부분을 정하는 거야. 예를 들어, 오늘 봐야 할 과목과 내용, 시간 등을 정하는 거지. 대략 시간을 정해두고 공부하면 성과가 있을 거야."
리양이 의심스러운 듯 말했다.
"정말요? 그렇다면 한 번 해볼게요."

리양은 엄마 말에 따라 공부를 시작했다. 몇 주일이 지난 후 학교에서 실시한 제3차 모의고사에서 리양은 좋은 성적을 얻었다. 예전처럼 피곤하지도 않고 학습효과도 훨씬 높일 수 있었다.

리양은 매일 열심히 노력했지만 좋은 학습 성과를 거두지 못했다. 교육열이 높은 리양의 엄마는 유심히 아들을 관찰한 결과 학습효과가 저조한 원인을 찾아내고, 그 원인에 맞춰 학습지도를 해서 리양의 성적 향상에 도움을 주었다.

학습효과와 학습 시간이 필연적인 연관이 있지 않음을 알 수 있다. 즉, 공부하는 시간이 길다고 해서 반드시 훌륭한 학습효과를 거두는 것은 아니라는 뜻이다. 핵심은 합리적으로 시간을 이용하는가에 달려있다.

시간이 매우 소중한 반면 아이들은 이러한 시간을 합리적으로 이용할 능력이 없다. 아이가 유한한 시간을 충분히, 합리적으로 이용할 수 있도록 엄마가 도와야 학습효과를 향상시킬 수 있다.

미리 하루의 학습 설계를 하도록 지도한다

공부를 하는 중에 리양과 같은 문제가 발생하는 아이가 있다. 손에 닿는 대로 계획성 없이 공부하고, 일을 할 때도 늑장을 부린다. 그 경우 우리는 리양의 엄마처럼 아이에게 하루의 학습을 앞당겨 설계하고, 합리적으로 하루 학습시간을 배정하도록 가르친다. 공부는 목적이 뚜렷해야 하며 요령 없이 갈피를 못 잡은 채 이것저것 건드려서는 안 된다.

우리는 매일 밤 아이가 공부를 시작하기 전에 생각을 유도할 수 있다. 매일 저녁 몇 과목이나 공부해야 하지? 뭘 먼저 할까? 공부할 과목은 어떤 내용들이지? 내용마다 시간은 얼마나 걸리지? 이렇게 대체적으로 시간을 정하면 아이들이 진도에 맞춰 공부하도록 채찍질을 할 수 있다.

이외에 매일 아이의 학습이 끝나면 우리 역시 아이의 생각을 유도하여 오늘 학습 상황이 어땠는지, 예상한 학습량은 모두 마쳤는지, 만약 효과가 없다면 그 이유는 무엇일까, 어떻게 개선해야 하는가, 등을 생각해보도록 한다. 그렇게 하면 아이는 매일 자신의 학습 상황을 검사하고 부족한 점을 찾아내 그 즉시 바꿔갈 수 있다.

구체적인 목표를 가지고 공부한다

•

시간을 활용할 줄 아는 사람은 모든 것을 한꺼번에 머리에 힘겹게 집어넣지 않는다. 하루의 학습 시간이나 에너지는 한계가 있다. 이에 비해 공부할 내용은 한이 없기 때문에 구체적인 목표를 가지고 학습해야 한다. 다시 말하면 경중의 구분 없이 모든 과목에 동일한 시간을 분배해서는 안 된다는 것이다.

공부를 할 때는 반드시 중요도를 고려해 합리적으로 자기 시간을 분배해야 최대한의 학습효과를 거둘 수 있다. 자신 있는 과목에 대해서는 시간을 조금만 할애하고, 대신 약한 과목에 더 많은 시간을 사용한다. 이렇게 더욱 목표 지향적으로 학습하면 시간 이용의 효율도 높일 수 있다.

아이를 위해 학습 환경을 조성한다

•

아이들 중에는 학습 집중력이 부족한 경우가 있다. 방 밖에서 뭔가 움직임이 있으면 무슨 일이 일어났는지 궁금해 한참 동안 귀를 쫑긋 세운다. 다시 정신을 가다듬고 공부하려고 하면 조금 전 어디까지 공부했는지, 어떤 생각을 했었는지 다시 더듬어 생각해야 한다. 이런 상황은 시간 낭비를 초래할 뿐만 아니라 학습효과도 떨어뜨린다.

이에 아이가 공부할 때는 반드시 좋은 학습 환경을 만들어주어야 한다. 되도록 TV시청이나 잡담은 삼간 채 조용히 아이와 함께 책을 보거나 자신의 일을 한다. 이렇게 하면 아이도 공부에 집중할 수 있다.

학습 분위기가 물씬 풍기는 가정환경에서는 아이들의 학습 욕구도 높아지며, 시간활용의 효율성도 증가한다. 원래 한 시간이 걸려야 마치던 일도 30분 또는 20분이면 마칠 수 있다.

꾸물대는 아이

•

속 터지는 엄마

학습과 놀이를 모두 잡는다!

• 공부와 놀이가 어우러져야 최대의 학습효과를 거둘 수 있다 •

'학습과 놀이 모두 잡는다'라는 말이 이해가 되지 않는 이들도 있을 것이다. 과연 이게 가능한 일일까? 대부분 엄마들은 아이가 놀고 있으면 기분이 좋지 않다. 공부할 시간을 낭비하고 있다는 생각에 엄마는 아이에게 공부할 것을 요구하며, 아이가 오랫동안 공부하면 좋겠다고 생각하기 마련이다. 우리는 아이에게 선생님이 내준 숙제뿐만 아니라 취미나 공부를 위해 학원에 보낸다.

결과는 어떤가? 하루 종일 아이를 공부방에 가둬두면 겉보기에 아이들은 '열심히' 공부를 하고 있는 것처럼 보이지만 사실 머리는 흐리멍덩하고, 공부는 진도도 나가지 않고, 학습효과도 뚝 떨어진다. 생물학적 각도에서 볼 때 아이가 장시간 문제를 생각하고, 글씨를 쓰고, 책을 읽다보면 머리가 멍해지며 원활하게 돌아가지 않는데, 이는 신경이 지나치게 긴장해서 일어나는 증상이다.

더욱이 몹시 피로를 느끼는 단계가 되면 아이는 초조와 짜증, 근심이 밀려오는 등 심리적 문제들이 나타나며 결국 공부에 싫증을 느끼게 된다.

당연히 이는 아이의 학습효과를 떨어뜨릴 뿐만 아니라 심신의 건강도 해칠 수 있다. 아이에게 하루 종일 공부할 것을 강요하면 좋은 효과를 거두기는커녕 오히려 아이의 성장과 발전에 해가 된다는 사실을 알아야 한다. 이에 한동안 공부를 하고나면 아이가 유익한 활동을 할 수 있도록 유도하여 긴장을 풀고 흥겨운 상태를 회복해야 한다. 그 후 다시 공부를 시작하면 조금만 혹은 짧은 시간 공부해도 큰 효과를 거둘 수 있다.

웨이웨이는 6학년이다. 매우 착하고 부지런히 공부해서 아빠, 엄마 모두 웨이웨이에게 큰 기대를 걸고 있다. 웨이웨이는 순조롭게 중점중학교에 입학하기 위해 스스로 학습시간을 늘려 모든 시간을 복습에 총동원했다.

그러나 학급에서 실시한 시험에서 의외의 상황이 발생했다. 한참 문제를 풀던 웨이웨이는 갑자기 머리가 터질 것 같더니 마치 머릿속이 텅 빈 듯 평소 쉽게 풀던 문제도 해결할 수가 없었던 것이다. 결국 웨이웨이는 참담한 시험결과를 얻고 말았다.

웨이웨이는 큰 충격을 받았다. 엄마는 이번 일을 곰곰이 분석해본 결과 문제가 어디에 있는지 발견했다. 그리고 웨이웨이가 휴식시간을 충분히 갖도록 공부 시간을 재조정했다. 일정한 시간이 지나면 반드시 휴식시간을 두었고 때로 방에서 간단한 운동을 하거나, 밖으로 데리고 나가 잠시 신선한 공기를 마시도록 했다. 이러한 엄마의 도움 아래 웨이웨이는 전처럼 공부할 때 피로감을 느끼지 않게 되었고, 기분 좋은 상태에서 공부를 할 수 있었다. 몇 주 후 치른 시험에서 웨이웨이는 좋은 성적을 받았다. 그리고 결국 순조롭게 희망하던 중점중학교에 입학할 수 있었다.

웨이웨이의 사례를 통해 학습과 놀이는 결코 모순적인 것이 아님을 알 수 있다. 학습과 놀이를 적절하게 조화시키면 오히려 학습효과를 높일 수 있다. 사실 학습과 놀이를 적절히 조화시키지 못하는 아이는 합리적으로 학습 시간을 가질 수 없다. 그 결과 아무리 노력해도 결국 몸만 피곤할 뿐, 학습에는 별다른 효과를 거둘 수가 없는 것이다. 그러나 학습과 놀이를 조화시킬 수 있는 아이는 최적의 상태로 자신의 상태를 유지함으로써 충분한 열정으로 학습에 임할 수 있다.

아이에게는 당연히 학습이 위주가 되어야 하지만, 놀기 좋아하는 천성을 무시해서는 안 된다. 우리의 고정관념을 바꿔 학습과 놀이의 적절한 조화가 얼마나 중요한지를 인식하여 아이가 정확하게 학습하고 합리적으로 쉴 수 있도록 도움을 줘야 한다.

'황금시간'을 학습에 사용하도록 지도한다

컨디션이 가장 좋은 시간에는 당연히 학습을 해야 한다. 휴식시간을 낭비라고 할 수는 없지만, 학습 최적의 시간에 휴식을 취하는 것은 낭비라고 볼 수 있다. 아이가 효율적으로 공부를 할 수 있게 하려면 매일 최적의 시간, 다시 말해 황금시간을 이용해 공부를 하도록 한다.

생리학자들의 연구 결과에 의하면 하루 중 학습의 황금시간이 네 번 있다고 한다. 첫째는 이른 아침 기상 직후, 둘째 오전 8시~10시, 셋째 오후 6시~8시, 넷째 잠자기 전 한 시간이다. '황금시간'을 이용해 공부할 줄 안다면 매우 가뿐하게 지식을 파악하고 내 것으로 만들어 학습효과를 향상시킬 수 있다.

물론 아이마다 자신에게 맞는 학습시간이 있다. 이에 우리는 아이가 자신만의 '황금시간'을 충분히 이용하여 고정적인 시간에 공부하는 좋은 습관을 기르도록 지도해야 한다.

규칙적으로 휴식을 가질 수 있도록 한다

일반적으로 아이들이 한 번에 공부에 쓰는 시간은 40분 정도가 적당하다. 아이가 일정한 시간 공부를 하고 나면 휴식을 가질 수 있도록 알려줘야 한다. 아이들은 규칙적으로 휴식하는 방법을 터득하고 나면 머리와 신체의 피곤함을 해소하고 기억력을 회복시켜 학습효과를 높일 수 있다.

휴식 방법에는 여러 가지가 있다. 잠시 일어나 몸을 움직여볼 수도 있고, 눈 체조를 하거나 먼 곳을 바라볼 수도 있고, 눈을 감고 잠시 쉬거나 산보를 하며 신선한 공기를 마실 수도 있다. 또한 잡담을 할 수도, 간단한 스포츠를 즐겨도 좋다.

학습과 놀이를 조화시키도록 지도한다

아이가 적당한 시간만큼 공부하고 나면 휴식시간을 갖도록 알려줄 필요가 있다. 아이가 몸과 마음 모두 휴식을 취해 가뿐해졌을 때 다시 공부에 몰두하도록 해야 한다. 그러나 한도 끝도 없이 계속 휴식을 취하면, 오히려 휴식의 의미를 잃어버리고 만다.

또한 비록 학습과 놀이의 조화에 주의를 기울여도 휴식 방법이 그다지 좋지 못할 경우가 있다. 예를 들어 계속 TV를 시청한다던가, 컴퓨터게임을 하는 방식이다. 이런 '휴식법'은 아이를 진짜 쉬게 하는 것이 아니다. 이때 아이가 자신에게 맞는 휴식 방법을 찾아 학습과 휴식을 적절히 조화시킬 수 있도록 도와야 한다.

꾸물대는 아이

•

속 터지는 엄마

자유롭고 산만해서 자기억제를 못하는 아이

• 아이의 자율성 높이기 •

자율이란 곁에 감독하는 사람이 없을 때에도 자발적으로 규칙을 정해 이에 따라 자신의 언행을 제한하는 것이다.

영국의 저술가인 새뮤얼 스마일스Smiles는 "자율, 자제는 품격의 정수이자 미덕의 기초이다."라 말했다. 또한 러시아 작가 막심 고리키Gorky는 "자신에 대한 약간의 자제력만으로도 사람은 강해질 수 있다."고 했다. 자율적이라는 것이 얼마나 중요한지 말해주는 이야기이다.

아이의 자율적인 능력은 아이의 학습, 생활, 인간관계 및 양호한 인격, 인품을 형성하는데 직접적인 영향을 준다. 아이는 성장하는 동안 여러 가지 유혹을 받는다. 자율적인 품성이 잘 키워지지 않았다면, 이러한 유혹에 끌려 다니느라 성공이라는 목표에서 점점 더 멀어진다.

언제나 타인의 요구에 의해 공부하고 생활하는 아이는 발전과 성장을 이

룰 수 없다. 엄마는 아이를 능동적인 인간형으로 교육하여 스스로 자신을 통제하며 자발적으로 규칙을 준수하도록 지도해야 한다.

샤오보는 올해 열 살이다. 엄마는 직장에 다니는데, 아이 교육에 좀 소홀한 부분이 있었다. 엄마는 기본적으로 샤오보가 무슨 일을 하든지 관여하지 않았다. 샤오보는 점차 제멋대로 생활하며 누구의 말에도 별로 신경을 쓰지 않게 되었다.

학교에서도 마찬가지였다. 수업도 열심히 듣지 않고 자꾸만 꼼지락거렸다. 교과서를 자꾸 건드리거나 낙서를 하고 때로 짝꿍과 이야기를 하다 선생님께 호되게 야단을 맞기도 했다. 그렇게 야단을 맞아도 잠깐 뿐, 샤오보는 몇 분이 지나면 다시 또 자세가 흐트러졌다.

이에 엄마는 샤오보에 대한 교육에 신경을 쓰기로 마음먹고 함께 '자율계획서'를 작성해 평소 샤오보의 산만한 행동을 종이에 적었다. 예를 들면, 집에서 숙제할 때 늑장을 부리고, 수업시간에 책이랑 노트를 흐트러뜨리고, 수업시간에 잡담을 나누는 등에 대해 적고 이러한 행동은 잘못된 것으로 엄마가 모두 싫어하는 것이라 말했다. 그래서 정한 기간 안에 이런 불량 행동을 모두 고치도록 단단히 교육했다.

엄마는 매일 저녁 샤오보의 그날 '자율계획서' 준수 상황을 점검했다. 잘 지켰을 대는 이에 대한 칭찬을 아끼지 않았고, 그렇지 못할 때는 격려를 했다. 이렇게 엄마의 도움과 지도 아래 샤오보에게 많은 변화가 일어났다. 비록 때로 좀 제멋대로 산만하게 자신을 억누르지 못할 때도 있었지만, 이미 자신의 행동이 잘못된 것임을 알고 의식적으로 잘못된 행동을 고치려 노력하기 시작했다.

샤오보가 '자신을 통제하지 못했던' 이유는 평소 엄마의 엄격한 교육 부재로, 효과적인 훈련을 시키지 못했기 때문이었음을 알 수 있다. 엄마가 이를 깨닫고 '자율계획서'를 작성하자 샤오보는 어떤 행동들이 잘못된 것인지를 알게 되었다. 그리고 이를 고치기로 결심한데다 엄마 역시 적절하게 이를 칭찬하고 격려하면서 샤오보는 확실하게 변화했다.

엄마는 아이가 어릴 때 아이의 자아통제능력을 길러 자율성을 높여줘야 한다.

아이와 함께 제약을 위한 규칙을 정한다

옛말에 '그림쇠와 자가 없으면 사각형과 원을 그릴 수 없다'고 했다. 아이의 자율성을 향상시키기 위해서는 아이에게 해야 할 일과 해서는 안 될 일을 이해하도록 교육해야 한다. 규칙에 대한 의식이 있는 아이가 올바른 행동을 하며, 그래야 타인으로부터 인정과 존중을 받고, 나아가 이후 사회에서 올바로 자리를 잡을 수 있다.

이에 우리는 아이와 함께 행동의 기준이 될 규칙을 세워야 아이는 자신의 행동을 제어할 수 있다. 학습에 대해서도 이처럼 구속력을 지닌 규칙을 만들 수 있다. 집에 오면 먼저 숙제를 하며, 숙제를 할 때는 다른 일을 하지 않기, 책상에 공부와 무관한 물건 놓지 않기, 숙제를 다 한 후 자세히 살펴보기, 책가방 정리하기 등과 같은 것이다.

아이가 규칙을 준수했거나 위반했거나, 우리는 다양한 표현을 취해야 한다. 우리의 표정, 말, 행동을 통해 아이들은 어떻게 해야 잘한 것인지를 깨닫고 서서히 규칙을 지키며 자아통제능력을 높여가기 때문이다.

놀이를 통해 아이의 자율성을 훈련시킨다

•

천성적으로 노는 것을 좋아하는 아이들에게 게임은 가장 좋아하는 활동이다. 게임 자체가 모두 일정한 규칙성을 가지고 있으며, 규칙을 지키는 것이야말로 게임 참가자의 기본적인 조건이다. 만약 우리가 자주 아이와 함께 게임을 통해 게임의 규칙을 이해시키고, 이러한 규칙을 준수하도록 훈련시킨다면 아이는 자신의 행위를 통제하면서, 나아가 자율성도 향상될 것이다.

아이에게 자아통제 방법을 가르친다

•

일반적으로 아이들은 행동하기 전에 행동의 결과에 대해 별로 생각하는 법이 없다. 아이들은 항상 자기가 중심으로, 그저 자신의 뜻대로 행동할 뿐 타인의 기분은 생각하지 않는다. 아이의 자율성을 높여주기 위해 우리는 반드시 '세 번 생각한 후에 행동'하도록 아이에게 자아통제 방법을 가르쳐야 한다. 우선 자신의 행동이 어떤 결과를 가져올 것인지, 자신과 타인에게 나쁜 영향을 주진 않을지 생각도록 한다.

예를 들면, 수업시간에 자신을 통제하지 못하고 자꾸만 움직이고 잡담을 하는 아이가 있다고 하자. 엄마는 아이에게 자신의 행동이 어떤 결과를 가져올지, 자신과 타인에게 나쁜 영향을 주진 않을지 생각해보도록 한다. 이것은 잘못된 행동으로 선생님의 수업을 방해하여 자신뿐만 아니라 주위 친구들의 학습에도 방해가 된다고 여기면, 아이는 자연스럽게 의식적으로 자신을 통제하게 된다. 점차 아이의 자아통제능력이 높아지면서 열심히 수업에도 집중할 수 있게 될 것이다.

꾸물대는 아이
•
속 터지는 엄마

재미없어, 나 그만 놀래!

• 복잡한 임무를 분해하여 해결하도록 가르친다 •

아이들은 재미가 없으면 놀이를 멈춘다. 숙제를 할 때도 계속 숙제를 하다가 문제가 너무 어렵다고 느끼면 숙제를 하고 싶은 생각이 없어진다. 복잡한 임무가 주어질 때도 마찬가지다. 그 일을 '완성할 수 없는 임무'라고 판단하면 이를 완성하기 위한 노력을 기울이지 않는다.

이런 상황에서 엄마는 어떻게 해야 할까? 어떤 엄마들은 아이가 인내심과 의지력이 부족하다는 생각에 이를 키워주려고 노력한다. 물론 좋은 교육방법이다. 그렇지만 사실 이보다 더 효과가 좋은 실용적인 방법이 있다. 아이에게 '복잡한 임무를 분해하는 법'을 배우게 하는 것이다. 다시 말하면 복잡한 임무를 약간의 작은 임무들로 나누어 전체를 완성할 때까지 하나씩 해결해나가도록 하는 것이다.

일곱 살 신신은 참을성이 부족하다. 엄마는 신신의 참을성을 키워주기 위해 많은 공을 들였다. 어느 날 엄마가 신신에게 블록을 사오도록 했다.

"블록으로 멋진 걸 많이 만들 수 있어. 집이랑 동물, 자동차랑 말이야. 블록으로 집 한 번 만들어 볼래?"

게임을 좋아하는 신신은 신이 나서 블록으로 집을 만들기 시작했다. 그러나 결코 간단한 일은 아니었다. 신신은 30분 정도 쌓았는데도 집 모양이 나오지 않자 시큰둥해져서 말했다.

"재미없어, 나 그만 놀래."

"엄마랑 같이 해보자. 함께 우리 집을 만드는 거야. 하지만 집을 쌓기 전에 먼저 뭘 해야 하는지 순서를 생각해봐야 해."

"당연히 바닥부터 만들어야지."

엄마가 신이 나서 말했다.

"그래, 맞아. 우리 같이 바닥을 만들어보자."

몇 분 후, 집을 지을 터가 만들어졌다. 엄마가 물었다.

"아들! 그럼 이제 뭐가 필요하지?"

신신은 조금 자신이 없는 듯 말했다.

"벽을 쌓아야 할 것 같은데?"

"그렇지!"

몇 분 후, 담도 모두 쌓자 엄마가 다시 물었다.

"마지막으로 뭘 해야 할까?"

신신이 웃으며 말했다.

"물론 지붕이지. 지붕이 없으면 비가 올 때 줄줄 새버리잖아. 그럼 큰일 나지!"

엄마가 이어서 말했다.

"그럼 빨리 비 오기 전에 지붕을 만들자."

이렇게 모자 두 사람이 지붕을 쌓기 시작해 금세 예쁜 집을 다 만들었다.

"아들, 어때? 정말 예쁘지? 아들이 열심히 쌓은 집이야. 엄만 정말 좋다!"

신신은 자기가 만들었다는 것이 믿기지 않는 듯 의아한 표정이었다.

"엄마, 정말 복잡한데 우리가 어떻게 이걸 만들었지?"

엄마가 침착하게 말했다.

"복잡한 일도 간단한 부분으로 나누어서 하나씩 해결하면 그렇게 어렵지 않아."

신신이 알겠다는 듯 고개를 끄덕였다.

복잡한 일을 몇 가지 간단한 부분으로 분해한 후 차례로 해결해나가면 성급한 아이의 성격을 개선해, 좀 더 참을성 있고 자신감 있게 한 걸음씩 임무를 완성하도록 만들 수 있다. 이는 아이들이 키워나가야 할 중요한 능력이다. 우리는 아이들이 복잡한 일을 분해하여 간단하게 할 수 있도록 이끌어야 한다.

복잡한 일을 분해하도록 도와줘요

다른 사람에게 기대길 좋아하는 아이들이 많다. 무슨 일에나 타인의 도움을 바라는 이런 아이들은 직접 해보라고 시키면 주눅이 들어 아예 일에 손을 대지 못한다. 이럴 때 엄마는 그저 무턱대고 아이들을 도와줄 것이 아니라, 복잡한 일을 처리하기 쉬운 상태의 작은 일들로 조각내어 하나씩 완성해나가도록 아이를 지도해야 한다.

예를 들어 아이가 자전거 타기를 배운다고 하자. 우리는 이를 3단계로 나누어 먼저 아이에게 자전거를 밀도록 하고, 두 번째 단계로 한 발로 밀면서 타도록 한다. 그리고 마지막으로 자전거에 오르는 연습을 하도록 한다. 이렇게 한 걸음씩 나아가며 반복 연습하면 쉽게 자전거타기를 배울 수 있다.

학습 역시 마찬가지로 '분해'가 필요하다

샤오샤오는 4학년으로 수학이 줄곧 아킬레스건이다. 종합 응용문제만 나왔다하면, 엄마에게 한 번 시범 삼아 풀어봐 달라고 부탁하기 일쑤다. 그렇게 하고도 일단 직접 풀어보라고 하면 결국 문제를 해결하지 못한다. 이에 엄마는 한 가지 방법을 생각해냈다. 엄마가 샤오샤오에게 말했다.

"우리 같이 한 문제 풀어보자. 하나씩 차례대로, 어때?"

샤오샤오가 잠시 생각하더니 고개를 끄덕였다.

이렇게 엄마와 샤오샤오 둘이서 응용문제 하나를 다 풀었다. 종합 응용문제를 순서대로 연산하니 훨씬 더 쉽게 느껴졌다. 샤오샤오는 스스로도 이런 방법으로 문제를 풀기 시작했다.

학습에 대해서도 마찬가지로 분해해서 해결하는 방법을 활용할 수 있도록 한다. 복잡한 학습 과제를 약간의 작은 과제들로 분해한 다음, 난이도가 비교적 낮은 것부터 착수해서 하나씩 성실하게 풀다보면 아이는 결국 복잡한 학습과제를 완성할 수 있다.

아이들에게 복잡한 과제를 해결하는 자신감을 갖도록 한다

•

아이들은 복잡한 과제를 만나면 자기도 모르게 기가 죽고 위축되면서, 도저히 문제를 풀 수 없을 거라고 생각한다. 이럴 때 아이에게 다음과 같은 말이 필요한 것일수도 있다.

"엄마는 널 믿어."

아이에게 복잡한 임무를 약간의 작은 단계로 나누도록 한다. 이때 단계별 작은 임무들은 크게 힘들이지 않고 해결할 수 있는 수준으로 준비한다. 아이들이 임무를 완성해나갈 때마다 적절한 때 이를 격려해주면 아이들은 이에 힘을 얻어 자신이 독립적으로 임무를 완성할 수 있다고 믿는다.

한 걸음에 작은 성공을 거두고, 이런 작은 걸음들이 모아지면 큰 성공을 거둘 수 있다. 아이들은 일을 잘 해결할 수 있을 뿐만 아니라 자신감도 상승한다. 이로써 자기 앞에 주어진 복잡한 임무 앞에서 아이는 더 이상 예전처럼 두려워하지 않고 한 걸음씩 완성을 향해 나아갈 수 있다.

꾸물대는 아이

•

속 터지는 엄마

전 그저 책상 앞에 앉아만 있으면 돼요

• 꾸물대는 습관에서 벗어나기 •

자신의 아이가 다른 아이보다 더 많은 지식을 얻고 더 우수한 성적을 거두길 바라다보니, 쉬거나 노는 시간을 줄여 매일 책상에 앉아 공부하길 원한다. 아이가 놀고 있는 것을 보면 그저 공부시간을 낭비하고 있다는 생각에 공부하라고 끊임없이 아이를 재촉한다. 또한 심한 경우에는 아이가 쉬거나 놀고 있을 때에도 계속해서 공부에 관련된 지식을 쏟아 붓기도 한다.

그렇게 시간이 흐르다보면 아이는 이런 생각을 하게 될 수도 있다. '난 그냥 책상에 앉아만 있으면 돼. 그러면 내가 열심히 하거나 말거나 잔소리 안 할 테니까.'

이런 아이들은 매일 책상 앞에 앉아 한 번 앉았다하면 몇 시간 동안 열심히 공부하는 척 하지만 사실은 대부분 '뭉그적대고 앉아있을 뿐'이다. 공부는 시작했지만, 최선은 다하지 않고 어물쩍 시간을 보내기 십상이다. 이런 아이들에게 더욱 합리적으로 시간을 이용한다는 것이 무엇인지 이해를 시켜야 한다.

보차오는 올해 초등학교 4학년이다. 초등학교 4학년은 학습에 있어 분수령과 같은 매우 중요한 학년이다. 엄마는 보차오가 이 시기에 잘 적응해 학업 성적을 올려주길 원했다. 이에 엄마가 보차오를 위해 마련한 학습시간표에 따르면, 보차오는 아침 6시 기상, 40분 간 영어복습, 저녁식사 후 숙제 시작, 숙제 후 한 시간 동안 복습, 다시 30분 동안 예습, 그리고 10시에 잠자리에 들어야 한다.

엄마는 보차오가 이대로만 실천하면 학습에 큰 도움이 되어 성적도 올라갈 것이라고 생각했다. 그러나 한 달 후, 엄마는 또 다른 문제를 발견했다. 보차오가 엄마 앞에서는 열심히 노력하는 모습을 보이며 학습임무도 매우 높은 완성도를 보이는 것 같았는데, 엄마가 없는 곳에서는 늘 저녁 10시가 될 때까지도 숙제를 다 하지 못해 아침에 일어나 보충을 했던 것이다. 이러다 보니 아침 영어 복습이 제대로 이루어지지 않았다.

며칠 동안 자세히 관찰한 결과, 엄마는 문제점이 무엇인지 발견할 수 있었다. 보차오가 책상에 앉아있긴 하지만, 계속 머리를 긁어대다가 의자를 흔들어대는가 하면 자리에서 일어나 헛짓을 하면서 자꾸만 숙제를 끝내지 못하는 것이었다. 한 마디로 합리적으로 학습시간을 보내지 못하고 있었다.

엄마는 보차오의 학습시간표를 조정해 휴식시간과 놀이시간을 포함시켰다. 바둑을 좋아하는 보차오를 위해 엄마는 '바둑'시간도 집어넣었다. 그 결과 보차오는 집중력이 살아나면서 학습에 대한 흥미도 많아지고 효율도 배가되었다.

공부에 대한 엄마의 일방적인 요구와 빡빡한 학습 일정이 결코 좋은 효과를 거두지 못한 채 오히려 '느림보' 아이로 만들어버렸다. 그러나 엄마가 보차오의 학습시간표를 조정하여 좋아하는 활동시간을 만들어주자, 보차오는 학습에 훨씬 더 높은 성과를 거두었다. 아이들의 상황에 맞게 시기를 놓치지 말고 아이가 '꾸물대는' 이유를 살핀 후 이를 조정하고 개선해준다면 아이도 가볍고 유쾌하게 공부할 수 있을 것이다.

아이가 느려지고, 꾸물대는 모습은 학습뿐만 아니라 옷 입기, 양치하기, 식사하기, 책가방 정리하기 등 생활 곳곳에 나타날 수 있다. 만약 아이가 '꾸물거리는' 습성을 버리도록 도와주지 않는다면 아이는 학습이나 일반 생활 모두에서 좋은 습관을 형성할 수가 없다.

그렇다면 어떻게 해야 아이를 '꾸물거리는' 상태에서 벗어날 수 있게 할 것인가?

아이의 숙제 습관을 잘 길들인다

숙제는 학습에서 매우 중요한 부분이다. 이는 또 다른 측면에서 아이의 학습이 어떻게 이루어지고 있는지를 적시에 정확하게 드러내준다. 숙제할 때 아이의 태도가 이후 학습효과를 좌우한다. 우리는 아이가 숙제를 할 때 좋은 습관을 유지하도록 지도해야 한다.

먼저, 아이에게 조용한 학습 분위기를 제공하여 안정적인 마음으로 숙제를 할 수 있도록 한다. 이후 아이에게 숙제할 때 신경을 써야하는 부분, 꾸물대지 말아야 하는 내용들을 알려준다. 예를 들어 숙제 전에 물을 마시고, 화장실에 다녀오고, 숙제공책, 숙제용 책, 문구류를 책상 위에 두고, 숙제를 할 때는 특수한 상황이 아닌 이상 자리를 뜨지 않으며, 학습과 무관한 일은 하지 않을 것 등이다.

약속한 시간 안에 임무를 완성하도록 요구한다

때로 꾸물거리는 아이들의 모습을 보고 계속해서 타이르는데도, 좋은 효과를 거두지 못할 때가 있다. 이에 대해 우리는 또 다른 방법을 이용할 수 있다. 아이가 규정된 시간 안에 임무를 완성하도록 하는 것이다. 먼저 아이가 해당 임무를 완성하는데 걸릴 시간을 예상한 뒤, 그 시간 안에 분량의 공부를 끝마치게 한다. 시간이 되면, 그 즉시 하던 일을 더 이상 하지 못하도록 중지시킨다. 이렇게 하면 아이들은 시간에 대한 긴장감을 갖게 되어 꾸물거리지 않을 것이다.

꾸물대는 아이로 만드는 '알아서 대신 해주기'

•

아이가 너무 어리고, 행동이 지나치게 느리다고 생각해 매사에 아이를 도와주는 엄마들이 있다. 그 결과 아이는 오히려 의존성이 강해지면서 자발적으로 행동의 속도를 높이지 못한다. 아이는 어떤 일을 해도 엄마가 도움을 줄 것이고, 따라서 자신은 조금쯤 느려도 상관이 없다고 생각한다. 뭐든지 척척 알아서 해주는 엄마는 오히려 아이들이 '꾸물대기' 위한 핑곗거리를 제공해준다는 사실을 알아야 한다.

엄마는 아이의 능력을 정확히 파악하여, 아이의 능력이 닿는 일을 격려하도록 한다. 처음 시작할 때는 아이의 행동이 미덥지 못하더라도, 긍정적인 모습으로 다가가 어떻게 해야 일을 잘 마무리 지을 수 있는지 지도해야 한다. 아이를 대신해 일을 해주지 않고 아이의 행동을 긍정적으로 평가해줄 때, 아이의 능력은 향상된다.

무조건 숙제가 싫고,

시험 전에는 엄청난 스트레스를 받는 아이들이 많다.

숙제를 하라고 하면 계속해서 꾸물거리다가

더 미룰 수 없을 때에야 비로소 움직이는가 하면,

시험 장소에 들어가는 순간부터 극심하게 긴장을 한다.

왜 이렇게 시험과 숙제를 싫어하는 것일까?

숙제나 시험을 좋아하게 만들 방법은 없을까?

Chapter 8

'공부 좋아하는 아이'로 만드는 프로젝트!

: 공부할 때 꾸물대는 아이의 심리를 파악하자

꾸물대는 아이

•

속 터지는 엄마

정말 숙제하기 싫어요!

• 숙제하기 싫어하는 이유를 찾자 •

선생님은 매일 수업이 끝나면 숙제를 내준다. 숙제를 통해 아이들은 하루 동안 배운 내용을 복습하고, 독립적으로 학습할 수 있는 능력을 키울 수 있다. 선생님은 아이들의 숙제를 검토하면서 수업 내용을 아이가 얼마나 파악하고 있는지 점검할 수 있다.

여러 가지 의미로 숙제는 매우 중요하다. 그러나 아이들은 대부분 숙제를 싫어한다. 매일 학교가 끝나고 집에 돌아오면 책가방을 던져놓고 놀러 나가거나 TV 앞에 앉아 리모컨을 손에서 놓지 않는다. 당연히 숙제는 미룰 수 있는 만큼 미루었다가 어쩔 수없이 해야 될 때 겨우 일어나 책상에 앉는다. 또한 책상 앞에서도 집중하지 않고 건성으로 숙제를 하는 바람에 엄마들이 나서서 독촉하지 않으면 빨리 끝내지도 못한다.

심지어 숙제를 하지 않는 아이들도 있다. 이런 아이들은 아예 숙제를 제출하지 않는다. 선생님은 이런 아이들 때문에 엄마에게 전화를 건다.

"아이가 왜 계속 숙제를 안 하는지 모르겠어요."

정말 골치 아픈 일이다. 이 때문에 아이를 욕하거나 때리는 부모들도 있다. 이런 시간이 오래되다 보면 아이는 숙제를 하지 않기 위해 거짓말을 하거나, 아예 학교에 대한 혐오감으로 등교 거부를 하기도 한다.

류쉬는 매일 학교에 갔다가 집에 돌아오면 책가방을 소파에 던져놓고 TV를 보기 시작한다. 엄마는 아들이 하루 종일 공부하느라 지쳤으니 TV를 보면서 머리를 식히는 것도 나쁘지 않다고 생각했다. 저녁식사를 마치고 엄마는 류쉬에게 숙제를 하라고 했다. 류쉬는 얼굴에 불만이 가득한 채 책상 앞에 앉았다. 그런데 얼마 지나지 않아 류쉬는 숙제를 다 했다고 말하며 다시 TV를 보러 나왔다.

엄마가 물었다.

"아들, 숙제 다 했어?"

"응, 다했어."

류쉬가 TV에 시선을 고정한 채 말했다.

"무슨 숙제를 그렇게 빨리 해?"

"자습시간에 조금 했거든. 그래서 얼마 안 남았었어."

다음 날, 집에 돌아온 류쉬는 또 TV를 보기 시작했다. 식사를 마치고 엄마가 다시 숙제를 하라고 독촉하자 류쉬는 후다닥 숙제를 마치고 다시 TV를 보러 나왔다.

며칠이 지나 엄마는 선생님의 전화를 받았다. 학교를 한 번 나와달라는 내용이었다. 류쉬가 요즘 종종 숙제를 다 하지 않거나, 했다고 해도 틀린 내용이 너무 많아 분명히 집중해서 공부를 하지 않는 듯하다는 이야기였다.

아이가 왜 열심히 숙제를 하지 않을까? 그저 놀고 싶기 때문일까? 사실 아이가 숙제를 싫어하는데는 그저 놀고 싶기 때문만이 아니라 여러 가지 다른 원인이 있을 수 있다.

수업내용을 잘 이해하지 못하는 것도 숙제를 싫어하는 이유가 될 수 있다

평소 숙제를 열심히 하는 아이도 가끔 숙제하기를 싫어할 때가 있다. 이유가 무엇일까? 수업 시간에 선생님이 말한 내용을 이해하지 못하기 때문이다. 선생님이 내주는 숙제는 구체적인 목표가 있을 때가 많다. 아이가 그날 배운 내용을 이해하지 못했다면 숙제를 하는 일이 매우 힘겹게 느껴지며, 그렇기에 적극적으로 숙제를 하지 않는다.

아이가 숙제하길 싫어하면 그날 수업한 내용이 이해가 되었는지 물어보자. 만약 그렇다고 대답하면, 이해를 못한 문제가 무엇인지 물어보고 이를 집중적으로 보충해주도록 한다. 그 후 아이에게 수업 전에 예습을 하도록 한다. 예습을 통해 아이는 수업시간에 핵심이 되는 문제나 어려운 문제, 의문점을 파악하여 효과적으로 수업의 효율을 높일 수 있다. 이는 새로운 지식을 이해하고 받아들이는데 도움이 된다. 그렇게 되면 더 이상 숙제를 어려워하지 않을 것이다.

아이는 숙제의 중요성을 이해하지 못한다

•

숙제를 정말 지겨워하는 아홉 살 난 남자아이가 있었다. 엄마가 그 이유를 물으니, 아이는 선생님의 수업내용을 이해했기 때문에 숙제를 할 필요가 없다고 말했다. 엄마가 말했다.

"다 알아도 숙제는 해야 돼. 숙제를 하면 알고 있는 내용에 대한 복습이 돼서 더 확실하게 알게 되거든. 숙제를 하지 않으면 네가 얼마나 이해하고 있는지 선생님이 모르시잖아."

"아, 그렇구나. 알았어! 열심히 해볼게."

나이가 어린 아이들 중에는 이미 배운 내용을 다시 숙제로 내는 건 불필요한 일이라 생각할 수 있다. 왜 다시 집에 와서 그것을 반복해야 하지? 숙제의 중요성에 대해 이야기해주면 숙제를 대하는 아이들의 시각도 달라진다.

숙제를 하지 않는 것은 참을성이 없기 때문이다

•

요즘은 집집마다 자녀의 수가 많지 않아, 어릴 때부터 부모들의 극진한

보살핌 아래 성장한다. 아이들이 원하는 것이 있으면 부모들은 가능한 모두 이를 만족시켜준다. 그러다 보니 아이들은 점차 인내심이 약해진다. 숙제는 인내심을 필요로 하는 일로, 참을성이 없는 아이들은 숙제를 하고 싶어 하지 않는다. 또는 숙제를 한다 해도 대충, 성의 없이 한다. 그런 아이들이 생각하기에 숙제는 무미건조하고 따분한 일이다. 책상 앞에 앉으면 머리가 아프니, 그야말로 나가 노느니만 못하다.

이런 아이들에 대해 우리는 평소 생활을 할 때 아이들의 인내심과 더불어 힘든 일도 서슴없이 함께할 수 있는 능력을 키워줘야 한다. 예를 들면 아침에 아이들과 장거리 달리기를 한다거나 저녁마다 윗몸 일으키기를 할 수도 있다. 일단 인내심이 길러지면 아이는 한결 숙제를 두려워하지 않는다.

일부 과목에 대한 흥미를 잃어도 숙제를 하지 않는다

국어 과목 숙제는 좋아하는데 수학은 싫어하거나, 그 반대 경우의 아이를 발견할 때가 있다. 아이가 특정 과목의 숙제를 싫어하는 이유는 단순명료하다. 그 과목을 싫어하기 때문이다.

징징은 집에 오면 언제나 국어숙제부터 시작한다. 숙제를 마치면 식사를 한 후 잠시 TV를 보고 마지막에야 겨우 수학숙제를 꺼내든다. 엄마는 징징이 수학숙제를 할 때마다 얼굴이 찌푸려지는 것을 발견했다. 수학숙제에 대한 선생님의 평가도 늘 매우 저조하다.

"징징, 너 수학 싫어?"

엄마가 물었다.

"응. 수학 너무 어려워……."

후에 엄마는 한 책에서 여자아이가 어릴 때 논리적 사고가 부족하면 수학 과목에 대한 능력이 좀 떨어질 수 있다는 내용을 읽었다. 엄마는 이에 아이가 수학을 좋아하게 될 재미있는 학습방법을 생각해냈다.

아이가 어느 한 과목에 흥미를 느끼지 못하고 숙제도 하기 싫어하는 상황이라면, 우리는 그 과목에 대한 아이의 흥미를 돋우어 줄 방법을 생각해야 한다. 그렇게 되면 숙제를 싫어하는 문제도 해결할 수 있다.

꾸물대는 아이
•
속 터지는 엄마

그냥 답을 알려주세요

• 게으름을 피우고 숙제를 하지 않는 이유는? •

어떤 아이들은 공부는 싫어하고 노는 데만 정신이 팔려 조금만 공부를 해도 피곤함을 느낀다. 숙제를 할 때는 가끔 멍하니 앉아있는가 하면, 창밖을 바라보다가 다시 머리를 긁적거리며 한참을 있어도 몇 문제밖에 해결하지 못한다. 숙제는 제출해야 하니 결국 친구의 숙제를 베끼게 되고, 이 과정에서 당연히 머리는 쓰지 않는다. 이렇게 시간이 흐르면 아이는 숙제를 통해 지식을 내 것으로 만드는 효과를 거둘 수 없을 뿐만 아니라, 숙제를 베끼는 나쁜 습관까지 들어버린다.

여름, 겨울방학은 아이들이 가장 고대하는 시기다. 방학 후 아이들은 맘껏 놀 생각을 하지만 그 기간에 아이들에게는 항상 가장 중요한 임무가 있다. 바로 방학숙제다. 선생님이 여름, 겨울방학에 숙제를 내는 이유는 방학 기간에도 공부를 게을리하지 않길 바라기 때문이다. 그러나 많은 아이들이 대부분 인터넷의 편리성을 이용해 게으름을 피운다.

개학한 지 얼마 되지 않아, 엄마는 선생님으로부터 전화 한 통을 받았다. 밍밍의 여름방학숙제가 밍밍이 직접 한 게 아니라는 것이다.
'그럼, 제가 대신 해줬다고요?'
엄마는 마음속으로 내가 왜 아이 숙제를 대신 해주겠냐고 반문했다. 엄마는 밍밍에게 자세한 내용을 물어봤다. 엄마의 질문에 밍밍은 사실을 실토할 수밖에 없었다. 확실히 숙제는 밍밍이 직접 한 것이 아니었다.
그렇다면 누가 밍밍의 숙제를 대신 해줬단 말인가? 밍밍의 말인 즉, '돈을 주고 대필을 시켰다'는 것이다. 직접 만날 필요도 없이 숙제를 대신해준 사람이 우편으로 숙제를 부치면 상대방에게 돈을 계좌이체 시켜주는 식이었다. 엄마와 함께 이야기를 듣던 아빠는 밍밍의 말에 입이 떡 벌어졌다. 어떻게 이런 일이 있이 있을 수 있단 말인가! 밍밍이 말했다.
"못 믿겠으면 인터넷에 들어가 보세요."
아빠가 인터넷에 접속해 '숙제대행'이라고 검색하니, 과연 많은 글이 올라와 있었다. 전 학년의 숙제가 가능하며 심지어 '대학원생 리포트 대행' '같은 지역일 경우 직접 배달 가능' '전국 배송'이란 연관 검색어까지 확인할 수 있었다.

숙제대행이 '신흥업종'이라면, 아이들이 숙제에 게으름을 피우는 것도 신기한 일은 아닐 것이다. 어떤 아이들은 인터넷에서 사람을 구해 대행을 시키기도 하고, 인터넷에서 문제에 대한 답을 구하는 경우도 있다. 어떤 선생님은 간혹 자신이 낸 숙제 내용이 인터넷에 올라와 있고 그 아래 누군가 '제발 답을 알려주세요'라고 적혀있으며, 그 아래 다시 누군가 답을 한 내용을 발견하기도 한다.

아이들은 왜 인터넷의 '편리성'을 이용하여 숙제를 대행하는 것일까? 왜 아이들은 어려운 문제가 있으면 자신이 직접 머리를 쓰지 않고 인터넷에서 답을 구할까? 숙제에 게으름을 피우는 아이를 어떻게 다뤄야 할 것인가?

숙제 분량이 너무 많으면 아이를 도와줘야 한다

•

링링은 매일 집에 돌아와 열심히 숙제를 했다. 식사시간을 제외하고 매일 저녁 9시까지 해야 겨우 숙제를 마칠 수 있었다. 9시 이후, 세수하고 양치질하고 기분을 가볍게 한 다음 잠자리에 들었다. 딸이 매일 아침 일찍 일어나 학교에 가고, 저녁에도 이처럼 늦게까지 숙제를 하는 것을 보고 엄마는 아이가 정말 피곤하겠다고 생각했다.

그러나 최근 며칠 동안 링링은 숙제를 하는 속도가 전보다 빨라졌다. 엄마는 선생님이 숙제를 덜 내준다고 생각했지만 나중에 보니 그것이 아니었다. 관찰 결과 엄마는 링링이 자주 '컴퓨터'로 놀이를 하면서 숙제를 한다는 것을 발견했다.

왜 놀면서 숙제를 하는데 속도가 더 빨라졌을까? 알고 보니 링링은 더 이상 머리를 쓰면서 숙제를 하지 않았다. 난제에 부딪치면 인터넷 검색을 통해 이를 해결하거나, 글을 올려 사람들의 도움을 받았다. 아이는 먼저 다른 숙제를 하고 있다가 답안이 올라오면 이를 숙제공책에 베껴 썼다. 작문까지도 모두 이런 식이었다. 이런 식의 작문이 아이에게 도움이 될 리 없었다. 그러나 확실히 숙제 분량은 지나치게 많은 편이었다. 그렇다면 어떻게 해야 하는가?

숙제를 할 때 컴퓨터를 사용해 게으름을 피우지 못하도록 엄격하게 규제해야 한다. "숙제는 배운 지식을 다시 한 번 복습하는 기회야. 그렇기 때문에 조급해하지 말고, 참을성 있게 숙제를 해야 돼."라고 아이에게 확실히 인식시켜야 한다. 또한 개인적으로 선생님을 찾아가 숙제 분량을 조금 줄여달라고 부탁할 수도 있다. 물론 아이가 이를 알게 해서는 안 된다. 그렇지 않을 경우 더 숙제를 싫어하게 되기 때문이다.

아이가 '게으름을 피우도록' 엄마가 도움을 줘서는 안 된다

루루는 집에 돌아와 숙제를 하면서 구시렁댔다.

"한자 30개를 다섯 번씩 쓰면 150개야. 언제 이걸 다 써?"

엄마는 루루의 말을 듣고 이렇게 말했다.

"이렇게 하는 건 어때? 엄마가 읽어줄 테니 받아쓰는 거 말이야. 대신 정확하게만 쓰면 한 번으로 되고, 그렇지 않으면 다섯 번 쓰는 거야. 나머지는 엄마가 써줄게. 어때?”

딸은 엄마 말에 못 믿겠다는 듯 이렇게 말했다.

“정말?”

“물론!”

엄마가 읽기 시작했다. 루루가 틀리게 쓰는 글자가 나오면 다섯 번을 썼다. 대신 정확하게 쓴 글자는 엄마가 될 수 있는 한 루루의 글자를 흉내 내 나머지를 채웠다. 그 후 선생님이 이와 비슷한 숙제를 낼 때마다 루루의 숙제는 엄마가 대신 했다. 엄마는 루루가 매일 학습한 지식을 자기 것으로 만들기만 한다면 숙제를 중복할 필요는 없다고 생각했다.

그러나 시간이 지나면서 엄마는 루루의 참을성이 점차 줄어들고 있는 것을 발견했다. 공부나 일상생활 모두에서 반복적인 일을 싫어했다. 그렇지만 엄마는 루루의 성격이 왜 이렇게 변했는지 이유를 알 수 없었다.

어떤 엄마들은 아이들이 교실에서의 지식을 습득하기만 했다면 구태여 반복해서 숙제를 할 필요가 없다고 생각한다. 그러나 이런 생각은 아이들이 ‘게으름을 피울’ 기회를 만들어주는 것이다. 아이가 반복해서 숙제를 하는 동안 인내심이 길러지고 있다는 것은 모른다. 숙제뿐만 아니라 일상생활에서 반복해서 해야 할 일들이 많이 있다. 하루, 사계절, 한 해가 반복해서 돌아간다. 아이가 인내심이 없다면 중복되는 일들을 하기 싫어할 것이며, 그러면 자연히 집중을 하지 못한다.

숙제를 할 때 늑장을 부리는 아이들은 보통 마음이 안정적이지 못하다. 마음이 떠 있는 사람은 일을 잘 마무리하지 못한다. 엄마는 아이가 숙제하는 모습에 있어 정확한 태도를 보여야 한다. 반복되는 숙제라고 해서 필요 없는 것은 아니며, 모든 대가는 유용한 것임을 엄마 스스로도 믿어야 한다. 반복되는 숙제는 아이가 배운 지식을 탄탄히 하는 한편, 아이의 인내력을 키워줄 수 있다. 우리가 나서 아이의 숙제를 돕는다면 이는 행동으로 아이에게 '선생님이 내 준 숙제는 쓸모없는 것'임을 알려주는 꼴이 되며, 아이들은 선생님에 대한 믿음을 잃게 될 것이다. 결국 전처럼 선생님을 존중하지 않게 되어, 더는 선생님의 말에 귀를 기울이지 않는 사태로까지 이를 수 있다. 선생님의 말을 듣지 않는 아이는 공부를 잘 할 수 없다.

아이의 숙제는 절대 도와주지 않도록 한다. 아이가 '게으름을 피우도록' 도와주는 일은 그저 아이에게 쉴 시간을 더 내주는 것일 뿐, 아이는 이로 인해 인내심과 더불어 선생님에 대한 존경심을 잃게 되므로, 그야말로 얻는 것보다 잃는 것이 더 많다고 할 수 있다.

꾸물대는 아이

•

속 터지는 엄마

글쓰기가 너무 느려요

• 숙제하는 속도가 너무 느릴 때 어떻게 해야 할까? •

어떤 아이들은 밤늦게까지 계속 숙제를 한다. 상황을 잘 이해하지 못한 엄마들은 선생님이 어떻게 이렇게 숙제를 많이 내줄 수 있을까 생각하기도 한다. 그러나 같은 반 친구들에게 물어보니, 다른 아이들은 그렇게 늦게까지 숙제를 하지 않는다는 사실을 알았다. 왜, 우리 애만 이렇게 숙제를 하는 속도가 늦는 것일까?

2학년 샤오융은 매우 똑똑한 아이지만, 유난히 숙제를 하는 속도가 더뎠다. 새로 배운 글자를 쓸 때는 한 획 한 획을 쓸 때마다 계속해서 원문을 쳐다보는 바람에 한참이 지나야 한 글자를 겨우 쓸 수 있었다. 또한 수학문제를 풀 때도 한참 동안 문제를 살핀 후에야 천천히 계산을 시작하는 샤오융의 모습에 옆에서 지켜보는 엄마는 바짝바짝 애가 탔다.

아이가 숙제를 하는 속도가 느린 탓에 고민인 엄마들이 많다. 성격이 급한 엄마는 이처럼 꾸물대는 모습을 보면 열심히 숙제를 하지 않고 있다고 생각하고 아이를 혼내거나 심지어 때리는 경우도 있다. 아이는 야단을 맞고 훌쩍거리다 보면 기분이 더 나빠져 숙제 속도도 더욱 느려진다.

통통은 학교가 끝나고 집에 돌아오자마자 숙제를 하기 시작했다. 그리고 식사 후 다시 숙제를 계속했지만 도무지 끝이 나지 않았다. 통통 곁을 지나가던 엄마는 통통이 속도가 느릴 뿐만 아니라, 글자도 엉망진창으로 쓰고 있다는 사실을 발견했다. 속도도 느리면서, 어쩌면 저렇게 못 쓸 수가 있을까? 엄마는 통통을 혼낸 다음 다시 숙제를 하라고 했다.

통통은 당연히 다시 쓰고 싶지 않았다. 통통이 화를 냈다.

"이렇게나 많이 했는데? 싫어!"

엄마가 말했다.

"어떻게 그렇게 늦게 쓰면서 이렇게 엉망으로 쓸 수가 있어? 최선을 다하지 않은 것 아냐?"

통통이 쌜쭉하게 토라져서 말했다.

"엄만 상관 마!"

화가 난 엄마는 통통이 두 줄 쓴 페이지를 찢어버렸다. 통통은 자기가 힘들게 쓴 숙제를 엄마가 찢어버리자 울기 시작했다.

엄마는 마음을 가라앉힌 다음 아이가 이렇게 울면서 숙제를 하도록 할 수는 없다고 생각하고 통통을 위로했다.

"엄마도 숙제공책을 찢고 싶지 않아. 그래도 숙제는 열심히 해야지. 그렇게 놀면서 하면 속도도 느리고 내용도 엉망이잖아."

통통은 눈물이 그렁그렁한 채 고개를 끄덕인 후 다시 숙제를 시작해 밤 10시가 되어서야 숙제를 마쳤다.

숙제하는 아이를 때린다고 문제가 해결되지는 않는다. 그렇다면 이처럼 속도가 느린 아이들을 어떻게 대해야 하는가? 먼저 아이의 속도가 느린 이유를 찾아내 그 원인에 맞게 방법을 생각해야 한다.

아이가 그날 배운 지식을 완전히 습득하도록 돕는다

때로 우리는 아이가 숙제를 하면서 계속 머리를 긁적이는 모습을 보고 있노라면, 답답한 나머지 속이 터질 것 같을 때가 있다. 이는 아마도 선생님이 말씀하신 내용이 잘 이해가 되지 않기 때문일 것이다. 그래서 숙제를 할 때 어려운 문제가 나오면 속도가 느려지는 것이다.

이럴 경우 우리는 아이의 이해가 부족한 문제가 무엇인지 파악하고 이에 대한 설명을 통해 아이의 의문을 풀어줘야 한다. 일단 수업내용을 모두 이해하면 숙제를 해결하는 속도가 빨라진다.

아이의 손, 눈, 대뇌의 종합적 능력을 훈련시킨다

•

아이는 숙제를 할 때 대뇌로 사고할 뿐만 아니라 눈으로 보고, 손으로 느낀다. 어떤 아이들은 글자를 쓸 때 동작이 매우 서툴러서, 한 획을 쓸 때마다 책을 쳐다보는 바람에 글씨가 엉망이 된다. 보는 동작과 쓰는 동작이 서로 잘 어우러지지 않기 때문이다. 만약 그렇다면 아이들과 함께 손 운동을 많이 해보자. 자판을 두드린다든가 젓가락으로 땅콩 집어 올리기, 배드민턴 등을 할 수도 있다. 이런 것들은 모두 아이의 손, 눈, 대뇌의 종합적 능력을 향상시킨다.

꾸물대는 아이
•
속 터지는 엄마

밤 11시인데 아직도 다 못 했어?

· 숙제 잘 하는 아이 만들기 ·

3학년 위위는 매일 학교가 끝나고 집에 오면 숙제가 없다고 하거나, 자습시간에 이미 숙제를 해놨다고 말한다. 그리고 항상 집에 오자마자 책가방을 던져두고 놀러나가 늦도록 책상에 앉지 않는다.
이런 문제로 선생님도 위위가 제때 숙제를 할 수 있도록 엄마가 지도해주었으면 좋겠다는 이야기를 전했다. 엄마는 여러 가지 방법을 동원했다. 숙제하는 위위의 곁에서 함께 하기도 하고, 차근차근 이치를 설명해주기도 하고 심지어 혼을 내거나 때리기까지 했다. 처음에는 이런 방법이 효과가 있었지만, 며칠 지나지 않아 위위는 또 다시 예전과 같은 상태가 되어 숙제를 내팽개쳤고, 이런 위위 때문에 엄마는 정말 미칠 것 같았다.

위위처럼 숙제만 하려면 꾸물대고 될 수 있는 한 숙제를 안 하려는 아이

들이 많다. 숙제를 한다고 해도, 집중을 하지 않거나 숙제 자체에 반감을 가지는 경우도 있다. 그러나 나쁜 습관을 고칠 수 없는 경우에도 아이를 비난해서는 안 된다. 비난을 하고 벌을 주는 방법은 결코 도움이 되지 않으며 오히려 학습에 대한 아이의 흥미를 떨어뜨리거나 아예 공부를 싫어하게 만들어버린다.

늘 숙제를 다 끝내지 않는 웨이웨이 때문에 엄마는 골치가 아프다. 엄마는 퇴근길에 웨이웨이에게 잊지 않고 전화를 했다.

"엄마가 집에 없으면 열심히 숙제 안 하는 걸 다 알아. 엄마 금방 집에 도착해. 집에 갔는데 숙제 다 안 해놨으면 혼날 줄 알아!"

전화를 끊은 웨이웨이는 화가 났다. 고작 숙제 때문에 그렇게 화를 내? 엄마가 그렇게 세게 나오니, 감히 대꾸하진 못했지만 짜증이 났다. 마음속으로 숙제를 안 한다고 엄마가 날 어떻게 하겠느냐는 생각이 들었다.

엄마가 집에 돌아와 물었다.

"숙제는 다 했어?"

"다 했어."

"그럼 됐네."

그러나 다음 날 엄마는 선생님으로부터 전화를 받았다. 웨이웨이가 또 숙제를 안 했다는 것이다. 웨이웨이가 엄마에게 거짓말을 한 것이다. 그날 학교에서 선생님께 야단을 맞은 웨이웨이는 집에 와서 다시 엄마에게 한바탕 혼이 났다.

"숙제를 안 한 것도 모자라 거짓말까지 해? 정말 실망이다!"

웨이웨이는 마음이 상했다. 선생님과 엄마가 모두 자신을 미워하고 있다는 생각이 들었다. 학교에 가고 싶지도 않고 집에 있고 싶지도 않았다. 다음 날 웨이웨이는 학교를 무단결석하고 집에도 가지 않았다. 엄마는 오락실에서 웨이웨이를 찾아냈다.

아이들은 왜 제때 숙제를 하지 않는 걸까? 이에 대한 진짜 이유를 찾지 못한 채 그저 아이를 비난한다면 아이들은 의기소침해지거나 심지어 웨이웨이처럼 비뚤어진 행동을 할 수도 있다. 그렇다면 어떻게 해야 숙제를 잘 하는 아이로 만들 수 있을까?

아이 스스로 공부 시간을 계획하도록 지도하라

어떤 아이들은 오후 자습시간에 숙제를 마쳤기 때문에 학교가 끝난 후에 다른 일을 할 수 있다. 그러나 자습시간에 다른 것에 마음이 가 있다 보니 집중해서 숙제를 하지 않는 애들도 있다. 결국 숙제를 다 끝내지 못하고 집에 돌아온 아이들은 숙제를 마치고 나가 노는 아이들을 보면서 자기도 놀러 나가고 싶다는 생각을 한다. 그럴 때 아이에게 숙제를 하라고 하면 당연히 달갑지 않게 생각할 것이다.

아이는 자신이 원하지 않는 일을 할 때 자꾸만 늑장을 피우고 할 일을 미룬다. 결국 이런 아이들은 잠자리에 들 시간이 되어서도 숙제를 마칠 수가 없다. 이런 상황의 경우 우리는 아이에게 자신이 시간표를 계획하도록 해야 한다. 아이와 함께 학습시간표를 작성하여 정해진 시간 내에 숙제를 마치도록 정한다. 이렇게 하면 빈 시간에 다른 일들을 할 수 있거나 실컷 놀 수 있다. 숙제를 먼저 해놓으면 남는 시간에 놀 수 있다는 사실을 깨닫게 되면 아이는 이후 자발적으로 숙제를 시작하면서 서서히 제때 숙제를 마치는 좋은 습관을 기를 수 있다.

제때 숙제를 할 수 있도록 지도한다

엄마들은 무심코 아무 때나 아이들에게 공부하란 말을 던지는 경우가 많다.

"요즘 공부는 잘 돼? 숙제는 다 했어?"

이에 아이가 몇 마디 응수하면 엄마는 아무 것도 묻지 않는다. 그러다 선생님에게 아이가 숙제를 해오지 않았다는 전달을 받고 나서야 불안한 마음에 숙제하는 아이의 모습을 지켜보기 시작한다. 그러나 그것도 잠시 뿐, 아이가 조금이라도 말을 듣는 것 같으면 다시 신경을 쓰지 않는다.

아이의 공부에 우리는 언제나 관심을 가져야 한다. 아이의 숙제에 대해서도 적절한 시기에 감독하고, 이를 일깨우는 역할을 해야 한다. 아이가 노는데 정신이 팔려 있으면 제때 아이에게 주의를 준다.

"숙제 아직 안 했잖아? 숙제 안 하면 내일 빈 손으로 갈래?"

엄마의 소리에 아이는 숙제가 지금 당장 얼마나 중요한지 깨닫고 숙제를 시작한다.

숙제를 마쳤다면 아이에게 인내심을 가지고 다시 한 번 살펴보도록 한 후, 엄마가 다시 아이가 바르게 글자를 썼는지, 문제는 맞게 풀었는지 확인해준다. 만약 숙제에 틀린 부분이 너무 많다면 열심히 숙제를 한 건 맞는지 또는 틀린 이유가 무엇인지 아이에게 자신의 행동을 되돌아보도록 해야 한다. 아이가 숙제하는 모습에 관심을 가지고 지켜봐줘야 올바른 학습 습관이 형성될 수 있다.

아이에게 숙제 이외의 과외 부담을 주지 않는다

어떤 엄마들은 아이가 숙제를 끝낸 후 다시 대량의 문제를 안겨준다. 그렇게 되면 아이는 심한 피로감을 느낀다. 과외의 문제를 하지 않기 위해 아이는 일부러 숙제를 할 때 속도를 늦추면서 점차 꾸물대는 습관이 생긴다.

아이가 하루 종일 수업을 받고 다시 숙제를 하느라, 얼마나 지쳐있는지 이해해야 한다. 공부에서 가장 중요한 것은 흥미다. 이런 식으로 엄청난 양의 학습을 밀어붙이는 것은 공부에 대한 아이의 흥미를 떨어뜨릴 뿐이다. 과외로 다시 학습의 스트레스를 주지 않는다면 아이는 적극적으로 숙제를 하게 되고 자연히 숙제의 질도 높아질 수 있다.

꾸물대는 아이
•
속 터지는 엄마

엄마, 나랑 같이 숙제해요!

• 아이의 '숙제 도우미'는 신중하게 •

엄마와 함께 숙제하는 것을 좋아하는 아이가 많다. 엄마만 옆에 있으면 마음이 훨씬 더 안정되는 것 같다. 모르는 문제가 나올 때마다 엄마에게 물어볼 수 있기 때문이다. 또한 아이는 엄마가 옆에 있어야 은연중에 긴장이 되면서 함부로 정신을 딴 데 파는 일이 없어지므로 당연히 더 집중해서 숙제를 한다.

야오야오는 엄마가 옆에 있으면 숙제가 더 잘 되기 때문에 매일 학교에서 돌아오면 엄마가 일이 끝나기를 기다렸다가 그제야 공책을 펼친다.

"엄마, 숙제할 거야. 이리 와."

엄마가 이상해서 물었다.

"숙제를 아직 안 했어?"

"응. 엄마 기다렸어. 나 혼자서 숙제하기 싫어."

엄마는 그제야 딸이 독립적으로 숙제를 하도록 지도해야겠다는 생각이 들었다. 엄마가 말했다.

"오늘은 엄마가 피곤해서 같이 해줄 수가 없는데. 혼자 숙제하는 법도 배워야지."

야오야오는 내키지 않았지만 숙제를 하지 않으면 선생님께 야단을 맞기 때문에 하는 수없이 혼자 숙제를 했다.

그 후에도 야오야오는 여러 번 엄마에게 숙제를 같이 해달라고 부탁했지만, 엄마는 항상 일이 있다는 핑계로 이를 거절했다. 또한 어쩌다 함께 할 때도 잠깐 숙제를 봐주고 자리에서 일어섰다. 야오야오에게는 혼자서 천천히 숙제를 하는 수밖에 다른 방법이 없었다. 처음에는 분명히 쓰는 속도가 매우 느렸지만, 점차 자신이 혼자 숙제하는 습관이 생기면서 속도도 빠르고 글씨도 빨라졌다.

많은 엄마들이 아이의 공부를 중요하게 생각하기 때문에 초등학교 시절부터 아이의 숙제를 도와준다. 공책을 펼치는 순간부터 그 옆에 앉아 아이가 숙제하는 것을 지켜보며 아이를 도와 책을 읽어주기도 하고, 함께 교재의 내용을 외우기도 한다. 간혹 아이와 숙제를 하는 동안 단 한 시도 떨어져있지 않은 엄마들도 있다. 그들은 아이가 숙제를 마치면 이에 대한 검사를 다 마치고 나서야 안심한다.

아이와 함께 숙제를 하는 것이 과연 이상적인 행동인가? 이는 장단점을 모두 가지고 있다. 아이가 숙제를 할 때 엄마가 함께 하면 아이가 숙제를 더 잘 할 수 있도록 격려하면서 답을 찾는 길을 도와줄 수도 있다. 그러나 이럴 경우 아이는 엄마에게 자꾸만 의지하게 된다. 아이가 숙제를 할 때 함께 하는 엄마들은 종종 곁에 있을 때는 숙제를 잘 하다가 자리를 뜨면 안절부절 하는 아이의 모습을 발견한다. 아이는 자꾸만 사방을 둘러보며 엄마가 빨리 일을 마치고 와 주길 고대한다.

언제나 아이와 숙제를 함께 하는 습관은 독립적인 학습 습관을 키우는데 좋은 태도가 아니다. 또한 아이가 점차 커감에 따라 그들이 배우는 지식의 난이도 역시 따라서 올라가면서 이를 보조해주기도 힘들다. 그때 가서 다시 독립적인 학습 능력을 키우는 것은 이미 늦었다고 볼 수 있다. 아이들은 이미 엄마에게 심하게 의존하고 있기 때문이다. 갑자기 함께 공부하고 숙제도 도와주던 엄마가 사라지면 아이는 심히 불안해할 것이고, 심한 경우 그대로 학습에 직접적인 영향을 주어 성적이 떨어진다.

아이와 함께 숙제를 하는 습관이 장점도, 단점도 된다면 우리는 어떻게 해야 하는가?

아이가 어릴 때는 자제력이 비교적 부족하기 때문에 집중도도 그만큼 낮기 마련이다. 엄마가 곁에서 감독하지 않으면 딴 생각을 하기가 쉽기 때문에 옆에 앉아 숙제하는 모습을 지켜보며 때로 도움을 줄 수 있다. 이제 막 학교에 입학한 친구들의 경우 심지어 숙제에 대한 인식이 부족할 수도 있다. 그럴 때는 엄마의 가르침이 필수적이다. 그러나 아이의 독립적인 학습 능력을 키워주기 위해서는 아이가 점차 자제력이 생기기 시작할 때 우리 역시 손을 놓기 시작해야 한다. 또한 숙제를 해결할 능력을 갖게 된 후에는 매일 숙제하는 아이와 함께 할 필요가 없다. 당연히 아이가 독립적으로 학습하는 환경을 조성해 줘야 한다. 이러한 과정을 거쳐 아이는 점차 자발적으로 공부를 하게 되고, 우리의 지도와 요구는 보조적인 역할을 하게 될 뿐이다.

간혹 "오랫동안 숙제할 때 옆에 있다 보니 제게 많이 의지를 해요. 어떻게 해야 하죠?"라고 물어보는 엄마들도 있다. 그럴 경우 점차 그 횟수를 줄여가거나 매일 방과 후 먼저 그날 해야 될 숙제를 종합, 정리하면서 누락되는 부분이 없도록 한 후 숙제의 순서를 정한다. 그렇게 되면 아이도 순차적으로 숙제를 해나갈 수 있을 것이다.

숙제를 하다가 난제에 부딪쳤을 때 아이가 물어볼 수도 있다.

"이 문제는 어떻게 풀어요?"

"이건 어떻게 읽어요?"

그럴 경우 바로 답을 주지 않고 먼저 아이가 해결하도록 격려한다.

"우선 스스로 생각해 봐, 도저히 생각이 안 나면 그때 다시 물어보고."

"사전을 찾아보렴."

아이의 독립적인 학습능력을 키워주는 것이 지식의 전수보다 중요하다는 사실을 알아야 한다. 아이는 독립적으로 학습하는 능력이 생기면 스스로 지식을 얻을 수 있으므로 시도 때도 없이 우리에게 해답을 구하지 않는다.

아이가 숙제를 하는데 도움을 주는 문제는 먼저 아이의 나이와 구체적인 상황에 따라 결정해야 한다. 아이가 조금씩 성장하면서 숙제를 함께 하지 않는 것이 현명한 일이다.

꾸물대는 아이

•

속 터지는 엄마

복습을 끝낸 다음 숙제하기!

• 아이에게 숙제 잘 하는 방법을 전수한다 •

대부분의 아이들은 집에 돌아와 책가방을 열면 바로 숙제를 시작한다. 조금이라도 일찍 숙제를 끝내고 홀가분한 기분을 맛보기 위해서이다. 이런 아이들의 마음은 충분히 이해할 수 있으며 또한 집에 오자마자 숙제를 하는 아이들의 태도 역시 칭찬할 만하다. 그런데 때로 이렇게 숙제를 할 때 생각을 되풀이하고, 계산을 반복하면서 힘들어하는 아이들이 있다. 그날 배운 문제를 푸는 것도 문제가 있는 모양이다. 자세히 관찰하지 않는다면 아이가 일부러 늑장을 부리며 숙제를 하지 않는 것이라 생각할 수도 있지만 사실 빨리 숙제를 끝내고 싶은 생각이 간절한데 난제에 부딪쳤기 때문인 경우가 많다.

쉬쉬는 학교를 마치고 집에 오자마자 숙제를 시작했다. 그런데 하다 보니 문제 하나가 발목을 잡았다. 엄마는 아들이 머리를 갸우뚱하며 한참 동안 멍하니 있는 것을 보고 말했다.

"왜? 문제가 어려워?"

쉬쉬가 말했다.

"응. 이 문제는 못 풀겠어."

엄마는 선생님이 내주는 숙제는 대부분 그날 배운 내용일 것이라 생각하면서 쉬쉬에게 그날 배운 부분을 보자고 했다. 문제를 보니 과연 그날 배운 부분이 확실했다.

쉬쉬는 그날 배운 부분을 응용하지 못하고 있었다. 엄마는 쉬쉬와 함께 그날 배운 내용을 복습했다. 복습이 끝나자 쉬쉬가 말했다.

"엄마, 이제 푸는 방법 알겠어요."

쉬쉬는 곧바로 문제를 풀기 시작했다.

"그날 배운 내용을 복습하는 것이 매우 중요한 것 같아. 우리 매일 방과 후에 복습을 하고 나서 숙제를 하는 건 어떨까?"

엄마의 말에 쉬쉬가 잠시 생각하더니 이렇게 말했다.

"해볼게요. 그러면 숙제하는 속도도 빨라질 것 같아요."

다음 날부터 쉬쉬는 집에 돌아오면 바로 숙제부터 하지 않고 그날 배운 내용을 복습한 후 숙제를 시작했다. 그러자 숙제를 하기도 훨씬 쉬워지고 속도도 빨라졌으며, 정확도도 높아졌다. 그렇게 시간이 흐르면서 쉬쉬의 성적도 날로 향상되었다.

쉬쉬의 사례로부터 먼저 복습을 하고 숙제를 하면 그날 배운 지식을 다질 수 있을 뿐만 아니라, 숙제에 대한 효율성도 높아진다는 사실을 알 수 있다. 그렇다면 아이들에게 어떻게 각 과목의 복습을 시킬 것인가? 사실 과목에 따라 복습의 비결은 매우 다양하다.

수학 복습하기

수학 복습은 핵심을 잡는 법을 가르쳐야 한다는 것이다. 핵심이란 무엇인가? 바로 선생님이 그날 말해준 예제가 포인트다. 아이에게 매일 배운 예제를 다시 한 번 풀도록 한다. 예제는 전형적인 문제로, 시험의 가장 핵심적인 내용이다. 이러한 예제를 확실하게 이해하면 숙제를 할 때 어려움이 대폭 감소하고 시험을 볼 때도 큰 압박을 느끼지 못할 것이다.

이밖에 수학에는 수많은 공식과 정리가 나온다. 이는 반드시 암기한다. 수학은 논리적인 학문이다. 매일 공부한 예제와 공식, 정리를 암기해야 뒤이어 나오는 지식을 잘 소화할 수 있다. 수월하게 공부할 수 있도록 아이에게 이러한 공식과 정리, 전형적인 예제를 기록하는 공책을 만들도록 한다. 시간이 날 때마다 꺼내보고 복습함으로써 확실히 기억해두면 숙제를 할 때나 시험을 볼 때 매우 유용하다.

국어 복습하기

국어는 수학과 달리 맹목적으로 암기한다고 해결되는 것이 아니다. 국어는 일상적인 축적이 매우 중요하다. 집중하여 이해하고 느껴야 한다. 따라서 국어는 편한 마음으로 복습해야 한다. 이를 테면 식사 후 그날 배운 본문을 다시 읽거나 감상하는 기분으로 이야기책을 읽듯 국어책을 읽어야 한다. 읽으면 읽을수록 아이들은 자연스럽게 더 많은 내용을 기억하게 되고, 더 많은 표현을 익히면서 숙제도 훨씬 더 수월하게 할 수 있다.

때로 작문을 숙제로 내주는 선생님도 있다. 아이들에게 글쓰기를 잘 하기 위해서는 평소 주변을 잘 관찰하여 소재를 많이 축적해두는 것이 중요하다는 사실을 알려줘야 한다. 많이 관찰하고, 깊게 사고하여 느낀 점을 수시로 기록해둔다면 작문을 할 때도 고심할 필요가 없다.

영어 복습하기

영어숙제는 대개 단어, 구문을 쓰고 빈칸 채우기 및 번역 등이 포함된다. 이러한 내용들은 종종 그날 배운 것과 관련이 있다. 만약 그날 배운 구문이나 단어를 외우고 있지 않다면, 숙제를 할 때 책을 뒤적이느라 골치가 아플 것이다.

아이에게 먼저 본문을 몇 번 읽어 그날 배운 새로운 단어와 구문을 떠올려 숙제를 하도록 하면 자기가 외운 새로운 단어와 구문을 다시 한 번 점검하는 일거양득의 효과를 거둘 수 있다.

기타 과목 복습하기

•

역사, 지리, 정치, 생물 등에 대한 숙제는 대부분 암기, 분석 문제 등이다. 예를 들어 역사적 사건에 대한 주요 인물, 시대별 사건, 지각변동의 특징 등 내용이 포함된다. 일부 역사, 정치적 사건은 암기할 필요성이 있을 뿐만 아니라 사건에 대한 분석도 필요하다.

따라서 아이들은 역사, 지리, 정치, 생물 숙제를 하기 전 그날 배운 내용을 숙지해야 한다. 가능한 숙제를 할 때 교과서 도움이 없이도 숙제 해결이 가능한 것이 좋다. 이밖에 아이에게 역사, 정치적 사건은 일어난 시기를 정리하도록 하고, 생물은 동식물에 따라 분류해서 정리하도록 한다면 정연하게 내용을 기억할 수 있다. 평소 아이의 종합적 분석력을 키워주는 것도 유용하다. 평소 연습을 해두면 후에 더욱 논리적이며 합리적으로 문제를 분석할 수 있기 때문이다.

꾸물대는 아이

•

속 터지는 엄마

세상에! 총 정리도 해야 돼요?

• 제때 총 정리하는 습관 키우기 •

이번 주에는 무엇을 공부했는가, 이 지식들이 전에 배운 내용과 어떤 관련이 있는가, 선생님이 말한 내용은 모두 숙지했는가, 그 중 핵심적인 내용은 무엇이며, 가장 먼저 기억해야 할 부분은 무엇인가, 그리고 어려워서 다시 복습해야 하는 내용은 무엇인가 살펴야 한다. 매번 일정한 시간이 지나고 나면 아이에게 이러한 모든 것들을 종합하는 시간을 갖도록 한다.

"둬둬, 요즘 공부 어때? 뭐 배웠어?"

엄마가 물었다. 둬둬가 교과서를 가져와 펼쳐놓고 엄마에게 말했다.

"이번 주 국어는 여기부터 여기까지 배웠고, 수학은 여기, 영어는……."

둬둬는 책을 펼치면서 과목마다 일일이 쪽수를 말했다.

"왜 쪽수만 말해? 이번 주 수학에서 배운 내용이 주로 뭔데?"

그러나 둬둬는 여전히 책만 뒤적일 뿐이었다. 엄마가 아이의 손을 잡으며 말했다.

"어디까지 배웠는지는 말할 필요 없어."

둬둬는 뭐라고 해야 할지 알 수 없었다.

엄마가 말했다.

"둬둬, 일정한 시간이 지나면 배운 내용을 한 번 종합적으로 정리해야지. 그래야 체계적으로 배운 내용을 파악할 수 있는 거야."

"세상에! 종합정리도 해야 해요?"

둬둬가 말했다.

"종합정리를 안 해두면 배운 것을 연결시킬 수가 없어. 나중에 체계적으로 종합하려고 할 때 더 힘이 들지. 엄마 말대로 하면 좋겠다."

"네. 알았어요, 엄마."

매번 종합정리를 하라고 할 때마다, 아이는 이를 필요 없는 일이라 생각하거나 '나중에 할게요'라고 말하면서 자꾸만 미룬다. 그렇게 시간이 흐르면 배운 지식을 잊어버릴 수밖에 없다. 막상 다시 하려고 하면 정리할 자료가 너무 많고, 그 결과 아이는 종합정리를 하는 일이 더 짜증난다.

우리는 아이가 미루지 않고 제때 종합정리를 할 수 있도록 가르쳐야 한다. 자꾸만 잊어버려도 이를 기억하도록 지도해야 게으름을 피우는 학습 습관을 고칠 수 있다.

시험 후 제때 총 정리 하도록 지도한다

시험지를 돌려받은 궈궈의 수학시험 점수는 72점이었다. 틀린 문제를 살펴보며 궈궈는 왜 이렇게 많이 틀렸을까 생각했다. 궈궈는 답답한 심정으로 집에 돌아왔다. 엄마는 궈궈가 풀이 죽어있는 것을 보고 물었다.

"궈궈, 왜 그래?"

"엄마, 시험을 못 봤어. 많이 틀렸어."

"응, 어떤 문제 틀렸는지 살펴봤어?"

"아니……."

"시험 못 봤다고 풀 죽어있지 말고. 이건 그냥 요즘 배운 것에 대한 네 성적일 뿐이야. 하지만 시간 맞춰 총 정리를 해서 왜 틀렸는지 살펴보면 돼. 그래서 어떤 부분을 이해하지 못하는지 확실하게 알면 다음 시험 볼 때 성적을 올릴 수 있어."

시험 후에 총 정리는 어떻게 해야 할까? 먼저 오답노트를 만들어 매번 시험을 볼 때마다 틀린 문제를 다시 풀어 어떤 유형의 문제에 실수를 하는지 살핌으로써 자신이 약한 부분을 찾아내고 다시는 똑같은 실수를 하지 않도록 한다. 시험을 본 후 총 정리를 하면 아이는 틀린 문제의 규칙을 파악하여 효과적으로 오답을 낼 확률을 줄일 수 있다.

아이에게 어려운 문제에 대한 총 정리노트를 만들도록 하자

•

"엄마, 이 문제는 어떻게 풀어?"

샤오동이 묻자 엄마는 차근차근 문제를 풀어주었다. 며칠 후 샤오동이 숙제를 하다 말고 다시 물었다.

"엄마, 이 문제 어떻게 풀어?"

며칠 전 샤오동이 물어본 문제와 동일한 유형이었다. 엄마가 말했다.

"생각해 봐. 며칠 전 비슷한 문제 물어봤잖아."

이렇게 말하며 엄마가 책을 가져다 지난 번 문제를 찾아주었다. 샤오동은 그제야 두 문제의 풀이방식이 같다는 것을 발견했다.

엄마가 물었다.

"샤오동, 총 정리노트를 만들어 어려운 문제를 정리해봐. 정리해두고 자주 들여다보면 비슷한 문제가 나왔을 때 어렵지 않을 거야."

샤오동이 말했다.

"엄마, 좋은 생각 같아, 그렇게 할게."

아이에게 평소 숙제를 할 때나 시험에 나온 어려운 문제, 전형적인 예제를 정리해 노트에 정리해두면 이후 유사한 문제를 쉽게 해결하여 점수를 높일 수 있다.

단계적으로 학습내용을 총 정리하도록 한다

•

아이들은 학습 단계별로 얻는 것도 다르며, 학습 상황도 다르다. 따라서 단계별로 내용을 정리하도록 지도해야 한다. 아이들에게 보름 또는 한 달에 한 번 정리를 하게 하는 것이다. 총 정리노트를 만들어 일정한 시간이 지난 후 그 전까지 배운 핵심내용을 정리하는 한편, 최근 공부하다가 느낀 부분을 적도록 한다. 좋은 학습방법이 있으면 그 역시 기록하도록 한다.

이런 식으로 정리를 하면 자신이 부족한 점을 깨닫게 되고, 이로부터 자신의 학습 상태를 조정하여 더 좋은 성적을 거둘 수 있다.

꾸물대는 아이

•

속 터지는 엄마

소수점 찍는 걸 깜빡했어요

• 대충하는 습관 극복하기 •

시험을 볼 때나 숙제를 할 때 대충 건성으로 하기 때문에 걸핏하면 숫자를 틀리거나, 연산을 헷갈리거나, 혹은 소수점을 빼먹는 아이들이 있다. 엄마는 이처럼 대충 건성으로 행동하는 아이의 모습에 화가 날 때가 있다. 저렇게 덜렁거리면서 별 고민도 안 하고 문제를 푸니 틀리지 않겠는가? 이런 이유로 아이에게 "좀 차분하게 생각할 순 없어?"라고 야단치는 엄마도 있다. 그러나 이런 식의 질책은 아이를 긴장하게 만들 뿐이며 결코 세심하게 생각을 정리하는 아이로 변신시키지 못한다.

루웨라는 남자아이는 정말 덜렁거린다. 어느 날, 루웨가 응용문제를 풀고 있었다. 한 직원이 이번 달에 임금을 얼마 받아야 하는지를 계산하는 문제였다. 계산 결과 '2,013. 18'이란 숫자가 나왔다. 그러나 루웨는 소수점 찍는 것을 잊어버리는 바람에 2천 위안이 조금 넘는 금액을 졸지에 20만여 만 위안으로 만들어버렸다. 루웨는 숙제를 검토할 때 이 심각한 실수를 발견하지 못했다. 다행히 그날 엄마가 루웨의 숙제를 점검하다가 이 문제를 발견했다.

엄마가 말했다.

"루웨, 다시 한 번 곰곰이 생각해봐."

엄마의 말을 듣고 나서야 루웨는 소수점을 찍지 않았다는 사실을 발견했다.

엄마가 말했다.

"'작은 차이가 큰 오류를 낳는다'라는 말이 무슨 뜻인지 알겠지? 일반 사원의 임금이 한 달에 20만 위안이 넘다니 엄청나게 부풀렸네!"

루웨는 쑥스러운 듯 혀를 내밀었다.

"엄마, 앞으로 주의할게요."

"어휴, 애가 왜 이렇게 덜렁거리는지!"

때로 아무리 여러 번 이야기해도 아이는 대충 일을 처리하는 못된 습관을 버리지 않는다. 엄마 말을 전혀 귀담아듣지 않는 걸까? 왜 계속 꾸물대기만 하고 고치려하지 않는 것일까? 아이가 건성으로 행동하게 된 이유는 무엇일까? 아이가 덜렁거리는 이유를 찾아야만 우리는 '증상별로 약 처방'을 하듯 아이에게 맞는 방법으로 덜렁거리는 습관을 고칠 수 있다.

아이가 정말 건성인지, 그런 척 하는 것인지 구분하라

문제를 틀리는 아이 가운데 겉으로 보기에는 덜렁거리는 것이 이유인 듯 보이지만, 실은 기초지식을 확고히 다지지 않았기 때문인 경우도 있다.

어느 날 천천의 엄마는 숙제 검사를 하다가 "8+0=0, 8×0=0, 8-0=0, 0÷8=0, 8-0=0"이라고 적힌 노트를 발견했다. 엄마가 말했다.

"천천아, 8 더하기 0은 0이 아니고, 8 빼기 0도 0이 아니야."

그러자 천천은 이렇게 말했다.

"아냐, 엄마! 0은 아무 것도 없다는 것 아냐. 그러니까 어떤 숫자와 0을 더하거나 빼고, 곱하거나 나눠도 0이지."

알고 보니 천천은 사칙연산도 잘 모르고 있었다. 이에 엄마는 천천에게 설명을 해줄 수밖에 없었다. 천천은 그제야 알게 되었다.

아이는 때로 매우 쉬운 문제를 틀릴 수 있다. 엄마는 그 이유가 덜렁대는 아이의 태도 때문에 가감승제조차 정확하게 보지 못한다고 생각한다. 그러나 사실 일부 개념과 정의를 완벽하게 이해하지 못하기에 문제를 틀리는 경우가 많다. 그렇기 때문에 아이가 문제를 틀렸을 때 반드시 잘못 푼 이유를 많이 물어봐야 한다. 그저 일률적으로 아이가 건성으로 덜렁거리기 때문이라고 생각해서는 안 되며 문제의 핵심이 어디에 있는지 잘 파악해야 한다.

놀고 싶은 마음에
건성으로 행동하는 아이

•

아이가 하교 후 바로 숙제를 하는 것은 좋은 현상이다. 그러나 실은 빨리 숙제를 하고 놀러나가고 싶은 마음에 바로 하는 때가 허다하다. 그럴 경우 숙제를 할 때도 몸 따로 마음 따로, 그저 빨리 놀러나가고 싶은 마음뿐이다. 이에 아이는 집중하지 않고 후다닥 숙제를 해치운 채 다시 살펴보지도 않고 숙제를 가방에 밀어놓은 후 나가버린다.

주의를 집중하지 않으면 원래 잘 풀던 문제도 틀리기 마련이다. 이런 상황이 되면 우리는 아이에게 스스로 숙제를 점검하는 습관을 길러줘야 한다. 숙제를 한 후 다시 오류가 없는지 검사를 한 다음에 놀러나가도록 한다.

숙제검사를 통해 아이는 다시 문제를 살펴 이해에 문제가 있었던 것은 아닌지, 연산 부호를 잘못 본 것은 아닌지 봐야 한다. 국어숙제 검사를 할 때는 틀린 글자, 빠진 글자가 없는지, 작문을 할 때 문법의 실수나 자연스럽지 않은 표현들이 있지 않은지 살핀다. 만약 잘못 푼 문제를 발견했을 경우, 아이에게 이를 수정하고 틀린 이유를 찾아내도록 한다. 이렇게 하면 아이는 급하게 숙제를 한다고 해서 결코 시간이 절약되지 않는다는 사실을 발견하게 될 것이다. 오히려 더 많은 시간을 들여 수정을 해야 하기 때문이다. 이렇게 하면 아이는 점차 대충 하는 일 없이 꼼꼼하게 숙제를 하여, 또 다시 오류를 살펴야 하는 일이 생기지 않는 습관을 기를 수 있다.

단정하지 못한 학습태도가 문제

숙제 글씨가 엉망인데다 덜렁거리는 바람에 항상 문제를 많이 틀리는 아이가 있다. 엄마가 말했다.

"좀 차분히, 꼼꼼하게 할 수 없어?"

"어차피 다 선생님이 시켜서 하는 건데, 틀리면 틀린 거지 뭐."

이런 생각을 가지고 있는 아이들이 의외로 많다. 아이들은 숙제는 선생님을 위해, 공부는 엄마를 위해 한다고 생각한다.

당연히 이러한 학습태도는 올바르지 않다. 이런 생각을 가진 아이들은 숙제가 자신을 위해서 하는 것이 아니라고 여기기 때문에 학습에 적극적인 태도를 보이지 않으며, 숙제와 시험에 대해서도 대충 흉내만 낼 뿐이다. 따라서 학습에 흥미가 없고 더욱이 꼼꼼하게 열심히 숙제를 하지 않는다.

이런 상황에 부딪치면 우리는 차분하게 앉아 아이와 대화를 통해 공부는 자신을 위한 것이며 절대 부모나 선생님, 또는 기타 다른 사람을 위한 것이 아님을 알려줘야 한다. 현재 열심히 공부하는 것은 앞으로 더 나은 사람이 되기 위해서라는 점을 이해시켜야 한다. 이러한 이치를 알고 나면 아이는 건성으로 공부하지 않고 좀 더 신경을 써서 숙제와 시험을 대할 것이다.

지나친 관여는 아이들의 집중 학습을 방해한다

•

나이가 어리면 상대적으로 자제력이 떨어지기 때문에 별일 아닌 일에도 주의가 분산되고, 이에 따라 자연히 실수가 나오기 쉽다. 불량한 학습 환경 역시 아이가 건성으로 공부하는 습관을 기를 수 있다. 그러니, 가능한 아이를 위해 조용한 학습 분위기를 조성해줌으로써 환경으로 인한 방해를 받지 않도록 한다.

꾸물대는 아이

•

속 터지는 엄마

벼락치기가 어때서요?

• 제때 복습으로 시험 전 '돌격'에 대한 기대를 버린다 •

아이가 노는 것을 좋아하는 것은 인지상정이다. 따라서 대부분 숙제를 마치면, 더는 책을 보지 않고 놀고 싶어 한다. 그리고 시험이 가까워져야 긴장을 하기 시작한다.

기말고사가 다가오자 아이들은 벼락치기로 공부를 하기 시작했다. 리예가 등교하자 짝꿍인 장화가 물었다.

"어제 저녁에 몇 시에 잤어?"

리예가 말했다.

"12시. 넌?"

"12시 반에 잤어."

리예는 전날 수면 부족으로 수업 시간에 연신 하품을 해댔다.

리예는 하교 후 집에 돌아가 숙제를 마친 후 시험이 코앞이라는 생각이 들자 차마 잘 수가 없었다. 리예는 다시 책을 폈다. 그러나 책은 들고 있었지만, 자꾸만 눈꺼풀이 감겼다. 엄마가 이 모습을 보고 말했다.

"어서 자. 그만 공부하고."

리예가 말했다.

"조금만 더 보고요."

"이번 기말고사에 대해선 엄마가 큰 기대 안 할게. 그냥 평소 네 실력만 발휘하면 돼. 하지만 앞으로는 시험 전에 벼락치기 하지 마라. 복습을 해 둬야지. 시험이 코앞에 다가와야 밤새고 공부하면 효율성도 떨어질 뿐만 아니라 몸에도 안 좋아."

리예가 알았다는 듯 책을 덮고 잠자리에 들었다.

벼락치기 공부는 대부분 피로를 몰고 온다. 밤늦게 자고 일찍 일어나 여러 가지 정의를 외우고 엄청난 분량의 예제를 훑어본다. 평소 열심히 복습을 안 했기 때문에 시험 때가 되면 벼락치기로 공부를 하느라 이만저만 피곤한 것이 아니다. 벼락치기로 공부한 내용은 잊어버리는 속도도 빠르다. 단시간 내에 대량의 지식을 흡수하면, 마찬가지로 단시간 내에 대부분 기억에서 사라지기 마련이다. 따라서 벼락치기 공부는 좋은 학습 습관이 아니다.

또한 시험이 다가왔을 때는 복습할 과목이 매우 많기 때문에 일일이 다 살펴볼 수 없어서 스트레스가 만만치 않고, 그러다 보면 자연히 공부란 고달픈 것이라고 생각한다. 게다가 시험성적까지 좋지 않으면 자신감이 떨어지기 마련이다. 그렇게 열심히 노력했는데 시험을 못 봤다고 생각하면 쉽게 자포자기하고 결국 공부에 대한 흥미를 잃는다.

평소 복습을 하지 않다가 시험이 다가왔을 때에야 열심히 공부하면 어느 정도 암기는 되겠지만, 억지로 꾸역꾸역 집어넣다 보니 진짜 그 내용을 이해했다고 볼 수 없다. 따라서 시험에서 진짜 머리를 써야 하는 문제가 나오면 제대로 풀 수가 없다. 따라서 시험 직전에 벼락치기로 공부를 하는 것은 근본적으로 좋지 않은 학습 습관이다. 그렇다면 어떻게 해야 이런 습관을 바꿀 수 있을 것인가? 평소 배운 내용을 복습하도록 하여 시험 직전에 한꺼번에 공부하는 일이 없도록 해야 한다.

매일 복습하기

1885년, 독일의 유명한 심리학자 헤르만 에빙하우스Ebbinghaus에 의하면 사람의 망각은 주기적으로 나타난다고 한다. 실험연구를 통해 그는 망각곡선을 창안했다. 이 망각곡선에 의하면 사람은 언제나 '반복학습을 할수록 쉽게 잊지 않는다.' 이것이 바로 '에빙하우스의 망각곡선규율'이다.

아이들의 공부에 이를 적용해도 마찬가지다. 아이들은 배운 지 하루가 지나면 기억에 남아있는 지식이 원래의 25% 정도가 된다. 그러나 시간이 흘러감에 따라 망각의 속도도 늦어져서 점차 망각하는 수량이 줄어든다. 이 규율을 생각하면 제때 복습하는 습관이 매우 중요하다.

매일 방과 후 먼저 배운 내용을 처음부터 끝까지 한 번 복습하도록 하면 그날 배운 내용을 다시 한 번 확인함으로써 쉽게 잊지 않는 것이다. 그러나 매사에 꾸물대는 아이들은 시험 직전이 아니면 복습을 잘 하지 않고 시간적 여유가 많다고 생각한다. 우리는 아이들이 매일 복습을 하도록 지도해야 한다. 만약 복습을 하지 않는 날이 있으면 이렇게 말하는 것도 좋은 방법이다.

"오늘 복습을 아직 안 했네? 시험 전에 또 밤을 샐 거야?"

규칙적으로 학습내용을 복습하도록 한다

아이에게 매일 그날 배운 내용을 복습하도록 하는 동시에 규칙적으로 복습을 시킬 수도 있다. 아이의 학습은 체계적인 것이다. 각 과목 모두 단계적으로 학습이 이루어진다. 따라서 매번 일정한 기간이 지나고, 앞에서 배운 내용을 복습하도록 하여 학습의 규율을 파악하고 지식들의 관련성을 찾아내도록 하면, 습득한 지식에 대한 이해와 기억력을 높일 수 있다.

시험 전 피곤한 전술은 피하도록 한다

많은 아이들이 시험 전에 밤을 새는 것은 긴장하기 때문이며, 잠을 이루지 못하는 것은 공부를 하지 않으면 불안하기 때문이다. 시험 전에 초조하고 긴장이 된다면 심호흡이나 즐거운 일을 생각하는 등의 방법을 통해 주의력을 분산시킨다.

시험 전에 '벼락치기 공부'를 하면 피폐해진 정신 때문에 시험에 안 좋은 영향을 줄 수 있다. 시험 직전 상태가 좋지 않으면 정신도 맑지 않고 피로하기 때문에 평소 잘 풀던 문제도 틀릴 수 있다. 시험 전 피곤한 전술을 동원하지 않도록 한다. 시험이 가까워질수록 상태를 조절하고 기분을 풀도록 한다. 규칙적으로 휴식하고, 학습하도록 하며, 시험 전에 잘 먹고, 충분히 수면을 취하면 시험장에서 실력을 발휘할 수 있도록 해야 한다.

꾸물대는 아이
•
속 터지는 엄마

그 문제에서 막혔어요

• 시험 볼 때 '한 문제에만 얽매이지' 않도록 한다 •

아이들은 종종 한 가지 일에 진지하게 몰두할 때가 있다. 진지하다는 것은 좋은 습관이지만 시험을 볼 때 진지함 때문에 '한 문제에만 얽매인다면' 시간이 부족할 수 있다.

루루가 기말고사 시험지를 받았다. 수학이 겨우 69점이었다. 시험지를 본 엄마는 루루가 시험문제를 다 풀지 않았다는 것을 알게 되었다. 엄마가 물었다.

"루루, 왜 문제를 다 안 풀었어?"

루루가 말했다.

"너무 어려운 문제가 나와서 그 문제를 계속 생각하다 보니까 시간이 얼마 안 남았더라고. 남은 문제를 다 못 풀었는데 선생님이 시험지를 걷어갔어."

이번 처음이 아니었다. 매번 시험지를 내고 집에 돌아온 후 다 풀지 못한 문제들을 살펴보면 모두 풀 수 있는 문제들이었다. 앞 문제를 푸느라 시간을 너무 지체했기 때문에 점수를 잃고 만 것이다.

시험 때뿐만이 아니다. 숙제를 할 때도 루루는 풀리지 않는 문제에 매달리느라 시간을 한참이나 허비한다. 당연히 시험 때 점수를 잃을 뿐만 아니라 숙제를 할 때도 시간을 많이 낭비한다.

대부분 우리는 아이가 한 문제에 매달리느라 좋은 점수를 받지 못한 경우 다급한 마음에 아이를 야단친다. 아이가 지나치게 늑장을 부리는 모습이 비효율적이라고 생각하기 마련이다. 그러나 사실 어떤 각도에서 보면 이러한 아이들의 태도는 분석과 연구를 좋아하는 아이들의 습성이 표현된 것이다. 다만 이런 특성을 시험에 적용해서는 안 된다는 뜻이다.

그렇다면 어떻게 해야 어려운 문제에 매달리는 일이 발생되지 않게 할 것인가?

시험 시간에 주의를 기울이도록 한다

•

시험 전 선생님은 아이들에게 총 시험시간이 어느 정도인지 알려준다. 그러나 문제풀이에 매달리는 아이들은 종종 전체 시간 분배에 대해서는 별로 신경을 쓰지 않는다. 시험지가 배포되는 순간 처음부터 끝까지 한 문제, 한 문제씩 순서대로 푸느라 제한된 시간에 주의하지 않는 것이다.

이런 아이들은 어려운 문제를 만나면 고민을 하면서 '난관을 극복'하지 못하면 다음 문제로 넘어가지 않는다. 이렇게 고민하는 사이 시간은 자꾸만 흐르고, 결국 어려운 문제를 풀고 나면 남아있는 문제를 풀기에 시간이 부족하여 점수를 잃고 만다.

따라서 시험지가 배포된 후 바로 문제를 풀기 시작할 것이 아니라 먼저 시험문제를 훑어보며 대강을 파악하도록 지도한다. 풀 수 있는 문제, 간단한 문제를 먼저 해결하여 속도를 높이고 특별히 어려운 문제, 가장 어려운 문제는 뒤에 푼다. 아이들이 모든 문제를 수월하게 풀진 못하기 때문에 어려운 문제를 앞에 풀다 보면 틀린 답을 적거나, 쉽게 풀고 넘어가지 못한 채 시간만 보내기 때문이다.

시험을 볼 때는 아이에게 시계를 주어 한 문제에 지나치게 많은 시간을 들이지 않도록 하며 시간에 유념하도록 한다.

'점수를 잃는 것'이 걱정되어 점수를 잃어서는 안 된다

•

치치의 수학점수는 고작 58점이었다. 엄마가 심험지를 살펴보니 세 번째 문제 이후에는 하나도 풀지 못한 상태였다. 엄마가 물었다.

"왜 이렇게 많이 못 풀었어?"

치치가 15점짜리 문제 하나를 가리키며 말했다.

"이 문제가 어려워서 한참만에야 풀었어. 그런데 나중에 보니 답도 틀렸더라고."

엄마가 말했다.

"그럼 왜 풀 수 있는 문제를 먼저 풀지 않았어?"

"이 문제 점수가 높잖아. 점수가 많이 깎일까 봐."

"다른 문제는 안 풀고 이 문제를 풀었는데 결과적으로 이 문제마저 틀렸으니 더 많은 점수를 잃은 것 아니야?"

치치가 말했다.

"그땐 그렇게 많은 것을 생각할 틈이 없었어……."

아이들은 시험 볼 때 점수비중이 큰 문제를 만날 수 있다. 대부분 이런 문제는 어려운 편이다. 아이들은 점수비중이 높은 것을 포기할 수가 없어서 먼저 이 문제풀이에 매달린다. 그러나 그럴수록 결과적으로 오히려 더 많은 점수를 잃게 된다. 먼저 어려운 문제를 풀 경우, 한참을 끌고도 답을 구하지 못하면 시간만 낭비하는 꼴이다. 만약 틀린 답을 구하면 그 역시 점수를 얻지 못한다. 이에 아이에게 시험을 볼 때는 자신 있는 문제, 확실하게 점수를 얻을 수 있는 문제를 먼저 풀도록 권유한다. 점수비중이 높은 문제는 다른 문제를 먼저 풀고 오답이 없는지 검사하고 나서 풀도록 한다. 그렇게 하면 정답일 경우 점수를 더 얻게 되고, 그렇지 못할 경우 역시 다른 문제라도 점수를 얻을 수 있으므로 억울한 실점이 나오진 않는다.

답을 구하지 못한 어려운 문제는 시험 후에 다시 한 번 풀도록 한다

•

시험시간은 제한이 있기 때문에 마지막에 남겨둔 난제는 풀 시간이 없을 때도 있다. 그러나 시험시간에 풀지 못한 문제라고 해서 반드시 시험 후에 풀리지 말라는 법은 없다. 시험을 치룬 후 마음이 홀가분해졌을 때 시험지를 꺼내 아이에게 먼저 틀린 문제를 풀어보도록 한다. 시험지를 돌려받은 후 곧잘 어려운 문제도 정확하게 답을 구하는 경우가 많다. 마음이 가볍고, 시간의 제한을 받지 않기 때문이다.

따라서 시험지를 돌려받은 후에는 아이에게 연구 분석 정신을 충분히 발휘하여 난제를 공략하도록 한다. 그러나 이러한 연구 분석 정신을 시험장까지 끌고 가면 시험 점수에 영향을 준다는 사실은 아이에게 분명히 알려주어야 한다.

어려운 문제에서도 특히 어떤 부분이 어려웠는지 이해하도록 한다

•

'문제를 파고드는' 아이들은 종종 나중에 자신이 못 풀었던 문제를 보면 풀이가 전혀 불가능한 것이 아니었음을 느끼는 경우가 많다. 예전에 풀어봤던 문제 같아서 답을 구할 수 있다고 생각했는데도, 막상 문제를 풀려고 하면 뭔가 아리송하고 어디부터 손을 대야 할지 모르겠고, 그렇다고 그대로 포기하기는 아쉽기만 하다. 그러다보면 결국 시간만 낭비하게 된다.

아이들은 왜 이런 느낌을 받는 것일까? 이는 일부 지식을 정확하게 파악하고 있지 못하고 대충 알고 있기 때문이다. 그런 상태로 긴장감이 넘치는 시험장에 들어가면 더욱 문제를 정확하게 풀 수가 없다. 이런 상황을 피하기 위해서 아이에게 시험 전에 각각의 지식을 정확하게 이해하도록 하면 '아는 것 같기도 하고, 아닌 것 같기도 한' 문제에 얽매여 시간을 낭비하는 일은 벌어지지 않을 것이다.

◇ 당신은 언제나 옳습니다. 그대의 삶을 응원합니다. – 라의눈 출판그룹

꾸물대는 아이, 속 터지는 엄마

초판 1쇄 | 2015년 11월 11일

지은이 | 루펑청
옮긴이 | 유소영
발행인 | 설응도
발행처 | 라의눈

편집장 | 김지현
책임편집 | 최현숙
마케팅 | 김홍석
경영지원 | 설효섭
디자인 | 기민주

용지 | 한솔PNS
인쇄 | 애드그린

출판등록 | 2014년 1월 13일(제2014-000011호)
주소 | 서울시 서초구 서초중앙로29길 26(반포동) 낙강빌딩 2층
전화 | 02-466-1283
팩스 | 02-466-1301
e-mail | eyeofrabooks@gmail.com

ISBN 979-11-86039-43-4 03590

* 잘못 만들어진 책은 구입처나 본사에서 교환해 드립니다.
* 책값은 뒤표지에 있습니다.
* 라의눈에서는 독자 여러분의 소중한 아이디어와 원고 투고를 기다리고 있습니다.